Dr. Reinhard Haupt

Reihenfolgeplanung im Sondermaschinenbau

Betriebswirtschaftlich-technologische Beiträge zur Theorie und Praxis des Industriebetriebes

Hrsg.: Prof. Dr. Dr. Th. Ellinger
Band 4

Ausgangspunkt des Buches ist die Reihenfolgeplanung bei der Auftragsbearbeitung in der industriellen Produktion. Durch eine Simulation, eine Nachbildung des Fertigungsgeschehens, wie es in der Praxis ablaufen könnte, lassen sich verschiedenste Reihenfolgeregelungen experimentweise erproben. In einem solchen Simulationsmodell wird nun im besonderen den Montageverknüpfungen der Teilefertigung Rechnung getragen. Damit soll die für Montagebedingungen charakteristische Forderung näher untersucht werden, nämlich die nicht nur möglichst rechtzeitige, sondern auch möglichst gleichzeitige Fertigstellung von gemeinsam zu montierenden Teilen. Die „Synchronisation" in der Fertigung dieser Teile stellt eine typische Bemühung innerhalb der Prioritätsregelung im Hinblick auf ein solches Ziel dar.

Zugleich wendet sich diese Arbeit empirisch gedeckten Verhältnissen zu: Das zugrunde gelegte Simulationsmodell orientiert sich an repräsentativen Gegebenheiten des Werkzeugmaschinenbaus. Damit stützt sich der Test von synchronisierenden Prioritätsregeln auf plausible Fertigungsbedingungen einer konkreten Branche.

Ein wichtiges Ergebnis dieser Untersuchung über solche bisher faktisch nicht praktizierten Reihenfolgeentscheidungen: In Verbindung mit elementaren, erprobten Prioritätsregeln leistet die Synchronisation eine eindeutige Verbesserung der Fertigungskostensituation.

Haupt

Reihenfolgeplanung im Sondermaschinenbau

Betriebswirtschaftlich-technologische Beiträge zur Theorie und Praxis des Industriebetriebes

- Band 4 -

Herausgeber:
Prof. Dr.-Ing. Dr. rer. pol. Theodor Ellinger
Universität zu Köln

Dr. Reinhard Haupt

Reihenfolgeplanung im Sondermaschinenbau

Dr. Th. Gabler-Verlag · Wiesbaden

ISBN 978-3-409-34364-0 ISBN 978-3-322-91727-0 (eBook)
DOI 10.1007/978-3-322-91727-0

Softcover reprint of the hardcover 1st edition 1977

Geleitwort des Herausgebers

Die vorliegende Arbeit befaßt sich mit der Reihenfolgeplanung, einem zentralen Problem aus dem Bereich der Fertigungssteuerung. In der Theorie und insbesondere auch in der Praxis wird die Bedeutung der Reihenfolgeprobleme zunehmend erkannt, zumal nahezu jeder Fortschritt auf diesem Gebiet auch ohne die Durchführung zusätzlicher Investitionen zur unmittelbaren Steigerung der Wirtschaftlichkeit beitragen kann.

Der exakten Bestimmung einer Reihenfolge stellen sich schon bei einer geringen Zahl von Aufträgen und Bearbeitungsstellen außerordentliche Schwierigkeiten entgegen. Nach den Gesetzen der Kombinatorik nimmt die Zahl der möglichen Reihenfolgen sehr rasch Ausmaße an, die bei dem jetzigen Stand der Computertechnik nicht mehr zu bewältigen sind. Deshalb gewannen bei der Reihenfolgebestimmung heuristische Verfahren besondere Bedeutung.

Mit Hilfe von Prioritätsregeln, die teilweise bei einstufigen Prozessen exakte Lösungen ergeben, werden auch bei komplizierten Verhältnissen noch gute Näherungslösungen erzielt. Die Brauchbarkeit dieser Lösungen wird daran gemessen, inwieweit sie bestimmten Zielsetzungen gerecht werden.

Zur simultanen Berücksichtigung verschiedener Zielsetzungen hat es sich bewährt, Prioritätsregeln zu kombinieren. Auf diese Weise kann eine praxisnahe Verfeinerung der Ergebnisse erzielt werden. Auch die vorliegende Arbeit befaßt sich mit der Kombination von Prioritätsregeln und baut auf den Ergebnissen von Maxwell und Maxwell/Mehra auf, welche schon die Synchronisation verschiedener voneinander abhängiger Abläufe berücksichtigen. Bei diesen Analysen wurde eine extreme Einzelfertigung zugrunde gelegt.

Mit Recht stellt der Verfasser fest, daß dieser Ausgangspunkt in der Regel nicht der praktischen Situation entspricht. Durch sorgfältige Analysen, die sich in besonderer Weise mit den tatsächlichen Auftragsstrukturen des Werkzeugmaschinenbaus befassen, wird eine verfeinerte Ausgangsbasis geschaffen. Damit wird ein Prototyp derjenigen Industriezweige mit Werkstattfertigung herausgegriffen, in denen die Reihenfolgeplanung besondere Bedeutung besitzt.

Diese praxisnahe Modellbildung berücksichtigt eine Auftragsstruktur in fünf Varianten, die zugleich Einzel- und Serienfertigungscharakter aufweist. Ein wirklichkeitsnahes Teilespektrum sowie die Unterscheidung von Kundenaufträgen und Lageraufträgen für Wiederholteile kennzeichnen das Simulationsmodell, dessen Aufbau der Verfasser mit großer Sorgfalt vollzieht. Es gelingt ihm, aus betriebswirtschaftlich-technologischer Sicht eine einwandfreie und ergiebige Konzeption zu entwickeln. Die Ergebnisse der vom Verfasser untersuchten Prioritätsregelkombinationen sind überzeugend und sowohl theoretisch als auch praktisch wertvoll.

THEODOR ELLINGER

Inhaltsverzeichnis

Seite

Seite

Seite

Vorwort

Im Rahmen der gesamten Fertigungssteuerung stellt sich die Reihenfolgeplanung zwar nur als eine Teilaufgabe, aber in der Praxis wird die Tragweite unterschiedlicher Reihenfolgeregelungen oft nicht genügend eingeschätzt. Vor allem in solchen Produktionssituationen, in denen die Ähnlichkeit oder gar Gleichartigkeit von Fertigungsvorgängen herausragen, dürfte von der Reihenfolgeentscheidung wenig erwartet werden. Dagegen erschien es begründet, einmal diese Entscheidung auf dem Hintergrund ungleichartiger und wechselnder Fertigungsverhältnisse vertieft zu behandeln.

Bedenken seitens der Praxis gegen eine isolierte Analyse einer einzigen Phase des gesamten Fertigungsablaufs sind nicht ohne weiteres von der Hand zu weisen. Sie fordern besondere Überlegungen um die Realitätsnähe eines solchen Ansatzes heraus. Durch Beobachtung des betrieblichen Fertigungsgeschehens, und zwar am Beispiel des Werkzeugmaschinenbaus, versucht der Verfasser, diesem Anspruch Rechnung zu tragen.

Dieser Schrift liegt eine von der Wirtschafts- und Sozialwissenschaftlichen Fakultät der Universität zu Köln im Dezember 1974 angenommene Dissertation mit dem Titel „Ein Simulationsmodell für Reihenfolgeentscheidungen bei der Fertigung von Aufträgen mit gegenseitiger Terminabhängigkeit" zugrunde.

An dieser Stelle darf ich meinem verehrten akademischen Lehrer, Herrn Prof. Dr. Dr. Ellinger, Direktor des Seminars für allgemeine und industrielle Betriebswirtschaftslehre der Universität zu Köln, herzlich für seine Anregung zu dieser Thematik und seine Betreuung der Arbeit danken. In manchem fachlichen Gespräch wies er Grundlinien zur theoretischen und zugleich praxisorientierten Durchdringung der betrieblichen Reihenfolgeplanung auf. Auch für die Aufnahme dieses Bandes in die vorliegende Schriftenreihe sei ihm besonders gedankt.

Ebenso gebührt den verschiedenen Firmen des Werkzeugmaschinenbaus Dank, die einen Einblick in ihre Fertigungsproblematik gestatteten und damit die Anwendungsbezogenheit dieser Schrift förderten.

REINHARD HAUPT

Verzeichnis häufig benutzter Abkürzungen und Symbole

I Abkürzungen von Zeitschriften

AbPF	=	Ablauf- und Planungsforschung
IA	=	Industrie-Anzeiger
IO	=	Industrielle Organisation
J.Ind.Eng.	=	Journal of Industrial Engineering
Mgm. Sc. = MS	=	Management Science
Nav.Res.Log.Qu.	=	Naval Research Logistics Quarterly
OR	=	Operations Research
ORQ	=	Operational Research Quarterly
W+B	=	Werkstatt und Betrieb
wt	=	Werkstattstechnik
ZfB	=	Zeitschrift für Betriebswirtschaft
ZfbF = ZfhF	=	Zeitschrift für betriebswirtschaftliche Forschung
ZfOR	=	Zeitschrift für Operations Research
ZwF	=	Zeitschrift für wirtschaftliche Fertigung

II Symbole

F	=	Durchlaufzeit
LB	=	Zwischenlagerbestand
LB_F	=	Zwischenlagerbestand in der Fertigung
LB_M	=	Zwischenlagerbestand in der Montage
t_w	=	Wartezeit
p	=	Bearbeitungszeit
C	=	Kapazitätsauslastung
ϱ	=	Erwartungswert der Kapazitätsauslastung
μ	=	Erwartungswert der Bearbeitungsrate
t_l	=	Leerzeit
d	=	Solltermin
L	=	Termineinhaltung
T	=	Verspätung
E	=	Verfrühung
Tc	=	bedingte Verspätung
f_t	=	Anteil der verspäteten Aufträge
β	=	Terminmultiplikator

Einführung in die Thematik

Die Entscheidung, unter gegebenen Elementen eine Reihenfolge festzulegen, beschreibt ein grundsätzliches Geschehen des Alltagslebens. Sie stellt sich überall dort, wo derartige Elemente aus Gründen begrenzter Kapazität nicht gleichzeitig berücksichtigt werden können. So mag das Einfädeln des Autoverkehrs vor einer Fahrbahnverengung den Zwang zur Reihenfolgebildung illustrieren, während die Fahrtroute eines Ozeanschiffes im praktischen Fall nicht durch die eines anderen Schiffes beeinträchtigt wird: Im ersten Fall bilden sich zwangsweise vor der Engpaßstelle laufend Reihenfolgen von ankommenden Fahrzeugen; dagegen vollzieht sich im zweiten Fall der Seeverkehr gleichzeitig, weil der Fahrweg praktisch unbegrenzt ist.

Im Grunde läßt sich die Bearbeitung von Aufträgen im Unternehmen auf das gleiche abstrakte Phänomen zurückführen. An jedem Arbeitsplatz können ankommende oder wartende Aufträge nur sukzessiv bearbeitet werden, gleichgültig ob es sich um maschinelle oder manuelle Tätigkeiten, um körperlichen oder geistigen Vollzug handelt. Die Entscheidung über die Reihenfolge der Auftragsbearbeitung muß in jedem Fall getroffen werden. Daher wird in einem ersten Kapitel der Arbeit darnach gefragt, wie sich die Reihenfolgeplanung in den Ablauf der Fertigung einordnet. Dazu bietet sich zunächst eine Aufgabenbeschreibung des Gesamtkomplexes der Produktionsplanung und -steuerung (Abschnitt 1. 1) an. Weiterhin sind die Ziele, an denen sich die Reihenfolgeplanung orientiert, zu behandeln (1. 2). Gegenüber den theoretischen, für die Praxis zu aufwendigen Versuchen der Reihenfolgebestimmung (1. 3) wird die Simulation des Fertigungsgeschehens als ein Weg charakterisiert, auf dem die vorliegende Arbeit Einblick in das betriebliche Reihenfolgeproblem zu gewinnen sucht (1. 4).

Nun soll im besonderen der Fall Beachtung finden, daß abzufertigende Aufträge zu einem späteren Zeitpunkt mit anderen Aufträgen gemeinsam weiterbearbeitet werden müssen. In diesem Zusammenhang ist etwa daran zu denken, daß sich bestimmte Arbeiten ab einem gewissen Fertigungsstadium gegenseitig voraussetzen, während sie bisher isoliert in Angriff genommen werden konnten: Es müssen z. B. 2 zueinander angepaßte Bestandteile eines Erzeugnisses unmittelbar vor ihrer jeweiligen endgültigen Feinbearbeitung aufeinander abgestimmt werden. Vor allem ist das weite Feld des Zusammenfügens oder Montierens angesprochen. In beiden Fällen sind anfänglich separat planbare Vorgänge schließlich aufeinander zu beziehen.

Derartige terminlich voneinander abhängige Aufträge verlangen von einer Reihenfolgeplanung aufwendigere Überlegungen, als dies bei getrennten Einzelaufträgen der Fall ist. Es bietet sich dazu die parallele Verfolgung der zu verknüpfenden Teile an. Nach einer Darstellung wichtiger Simulationsansätze zur Reihenfolgeplanung unter den elementaren Bedingungen terminlich voneinander unabhängige Aufträge (2. 1) folgt ein Überblick über solche Ansätze, die auf die realitätsnahe, terminliche gegenseitige Abhängigkeit von Aufträgen eingehen (2. 2).

Viele der bisherigen Simulationen der Reihenfolgeplanung lassen Zweifel an der Aussagekraft der Ergebnisse aufkommen, weil sie fiktive Modellbedingungen unterstellen und von praktischen Gegebenheiten abstrahieren. An der Realität beobachtete Fertigungsgeschehnisse würden zu repräsentativeren Schlüssen führen. Im besonderen können die in den Modellen zugrundegelegten Strukturen der Aufträge nicht ganz befriedigen; immer wieder wird von einer reinen Einzelfertigung ausgegangen, während doch die Masse der Betriebe einen Mischtyp kennt:

Zwar mag die Kundenproduktion nach außen hin dominieren, aber sie wird begleitet von wesentlichen Elementen der Lagerproduktion; einerseits fällt die Verschiedenheit der Aufträge zwar ins Gewicht, aber andererseits werden dadurch Bestrebungen zur Vereinheitlichung (Normung, Baukastentechnik) provoziert.
Solche Merkmale sollen besonders für den Werkzeugmaschinenbau herausgearbeitet werden (3.) - beispielhaft ist hier an eine Mehrspindeldrehautomaten-Fertigung zu denken-, so daß zumindest für diese Branche in der anschließenden Simulation aussagekräftige Ergebnisse erwartet werden dürfen.

Der Werkzeugmaschinenbau eignet sich aber zur praxisbezogenen Veranschaulichung nicht nur wegen des hier charakteristischen Zusammenspiels von Einzel- und Serienfertigung, sondern auch weil seine aus beträchtlichen Teileumfängen zusammengesetzten Erzeugnisse den besonders behandelten Fall der Verknüpfung von getrennt gefertigten Teilen und Gruppen illustrieren. Nachdem, zwar zahlenmäßig vereinfacht, aber doch im Prinzip an der Drehautomaten - Fertigung orientiert, die Auftragsstrukturen (4. 1) und das Materialwesen (4. 2) eines derartigen Betriebes beschrieben worden sind, wird im Rahmen des Terminwesens (4. 3) eine Reihenfolgeregelung begründet, welche eine parallele Verfolgung des Arbeitsfortschritts von später zu montierenden oder anzupassenden Teilen bei der Fertigung berücksichtigt. Im Anschluß an die Erörterung von Einzelheiten der Programmierung des Simulationsmodells (5.) folgt der Bericht über die Experimente mit dieser Reihenfolgeregelung (6.) .
Abschließend (7.) ist der Überlegung nachzugehen, mit welcher Begründung eine auf das Montageproblem zugeschnittene Reihenfolgeplanung Aussicht auf Eingang in die Praxis hat. Zugleich werden Erweiterungen und Verfeinerungen angedeutet.

1. Einordnung des Themas in die Problemstellungen der Ablaufplanung

1.1 Aufgaben der Produktionssteuerung

Das Thema der vorliegenden Arbeit ist dem Problembereich der Maschinenbelegung innerhalb der Fertigungssteuerung entnommen. Die Entscheidung über die Reihenfolge muß zwangsläufig - geplant oder ungeplant - getroffen werden. Sie stellt sich als die Aufgabe, "die Reihenfolge zu bestimmen, in der N unterschiedliche Erzeugnisse auf M verschiedenen Maschinen bearbeitet werden sollen" [1).

Eine besondere Anschaulichkeit erfährt die Reihenfolgeproblematik im Zusammenwirken mit dem Kriterium der Fertigungsart : Während bei der Serien- und Massenfertigung die Maschinen von gleichen Produkten mit gleichen Arbeitsplänen, d. h. mit gleichen Maschinenfolgen und Bearbeitungszeiten in Anspruch genommen werden, belegen bei der Einzelfertigung verschiedene Produkte mit verschiedenen Arbeitsplänen die Maschinen [2). Unter den Bedingungen eines solchen "Wechsels der Produktionsverhältnisse" [3) liegt es nahe, die Fertigung nach dem Verrich-

---

1) Gutenberg E.: Grundlagen der Betriebswirtschaftslehre, Band 1 : Die Produktion. 18. Aufl., Berlin, Heidelberg, New York 1971, S. 215.

2) Albach, H.: Maschinenbelegungspläne bei Einzelfertigung. In: Ministerpräsident des Landes Nordrhein-Westfalen, Landesamt für Forschung (Hrsg.) : Jahrbuch 1965, Köln, Opladen 1965, S. 12.

3) Ellinger, Th.: Industrielle Wechselproduktion. In: RKW (Hrsg.) : Produktivität und Rationalisierung. Chancen, Wege, Forderungen. Frankfurt/M. 1971, S. 197 f.

tungsprinzip zu organisieren [1]. Bei einer solchen Werkstattfertigung zeigt sich nun die Komplexität des Reihenfolgeproblems : Bedingt durch die unterschiedlichen Folgen, in denen Aufträge die einzelnen Maschinen durchlaufen, kommt es zu unregelmäßigen Stauungen oder Leersituationen, die durch die Planung der Reihenfolge der Auftragsbearbeitung auf den einzelnen Maschinen zu glätten sind [2].

Die Problemstellung der Reihenfolgeplanung hat auf den weiteren Rahmen der Aufgaben der Fertigungssteuerung Bezug zu nehmen, wenn auch gelöst von der Ausprägung eines konkreten Fertigungssteuerungssystems [3]. Zuvor bieten sich einige Begriffsabgrenzungen an.

Gutenberg [4] verwendet den Terminus "Prozeßplanung" für die Planung des Ablaufs des Produktionsprozesses, die der "Bereitstellungsplanung" folgt. Ellinger [5] untergliedert die "Produktionsdurchführung" - in Anlehnung an die frühere Terminologie Gutenbergs [6] - in die "Bereitstellungsplanung" und die "Planung des zeitlichen Ablaufs der Fertigung". Während beide genannte Autoren in

---

1) Gutenberg, E.: a. a. O., S. 96 ff.

2) Derselbe: a. a. O., S. 217.

3) Derselbe: a. a. O., S. 215.

4) Derselbe: a. a. O., S. 149.

5) Ellinger, Th.: Ablaufplanung. Grundfragen der Planung des zeitlichen Ablaufs der Fertigung im Rahmen der industriellen Produktionsplanung. Stuttgart 1959, S. 17.

6) Gutenberg, E.: Grundlagen der Betriebswirtschaftslehre . . ., 3. Aufl., Berlin, Göttingen, Heidelberg 1957, S. 136.

lang- und kurzfristige Planungsphasen unterteilen, betont Mellerowicz [1] eher die Abgrenzung der Vorbereitung von der Durchführung, wenn er die "Fertigungsplanung" (mit der Ermittlung der Vorgabezeiten, der Bereitstellung der Maschinen, etc.) von der "Fertigungslenkung" (mit der Terminvorgabe, Maschinenbelegung und Terminverfolgung) unterscheidet. Schließlich subsumiert der VDI [2] unter dem Oberbegriff "Produktionsterminsteuerung" Elemente der Terminplanung und -durchführung [3].

Einer Analyse der Aufgaben der Fertigungssteuerung folgend [4], gelangt man zu einer genaueren Einteilung als

---

1) Mellerowicz, K.: Betriebswirtschaftslehre der Industrie. Band II, 6. Aufl., Freiburg 1968, S. 420 ff.

2) VDI, Fachgruppe Betriebstechnik: Elektronische Datenverarbeitung bei der Produktionsplanung und -steuerung. Teil I (VDI -Taschenbuch T 10): Produktionsterminplanung und -steuerung. Düsseldorf 1969, S. 53.

3) vgl. auch : Füssenhäuser, A.: Planung und Steuerung des Fertigungsablaufs bei Werkstattfertigung. Diss. Köln 1966.

Hammer, H.: Integrierte Produktionssteuerung mit Modularprogrammen.

4) vgl. Haberfellner, R. / Rutz, K.: Integrierte Produktionssteuerung. Industrielle Organisation 39 / 1970, S. 514 ff. und ebd. 40/1971, S. 21 ff.

vgl. auch Sperry Rand - Univac (Hrsg.) : Terminierung und Kapazitätsplanung mit UNITEK (Teil I). Frankfurt/M. 1971;

IBM (Hrsg.) : IBM System/360 Modell 20. Kapazitätsbelegungs - und Terminierungs - System (Capacity Loading and Scheduling System) CLASS 20. o. O. 1968

den obigen in lang- und kurzfristige Planung bzw. in Vorbereitung und Durchführung, und man erkennt, wie sich die Reihenfolgeplanung in den Ablauf der Fertigungssteuerung einordnet. Zugleich sei damit die Terminologie angegeben, deren sich diese Arbeit bedient.

Eine allgemeine Definition [1] rechnet zur Produktionssteuerung "das Erkennen und Auslösen aller zur Durchführung eines Produktionsplanes notwendigen Maßnahmen sowie deren Überwachung und Korrektur bei Abweichungen". Wenn von den Berührungspunkten der Fertigungssteuerung mit der Konstruktion, dem Verkauf, dem Rechnungswesen etc. abgesehen wird, können 3 Grundbereiche unterschieden werden:

1. das Materialwesen
2. das Terminwesen und
3. die Fertigungssteuerung (i. e. S.) [2]

ad 1. Das Materialwesen:

Aus dem geplanten Produktionsprogramm und den vorliegenden Kundenaufträgen ermittelt sich der Bruttobedarf an Produkten. In der Lagerdisposition (bzw. der Materialbewirtschaftung) wird dieser Bedarf dem Lagerbestand und Fremdbezug an Produkten gegenübergestellt, so daß man den Nettobedarf an Produkten (für die Eigenfertigung) und die Anforderungen für die Bestellrechnung (für die Fremdfertigung) erhält. Die Fertigung erfolgt aber auf der Teile-, nicht der Produktstufe. Deshalb ist aus

1) Haberfellner, R./Rutz, K.: a. a. O., S. 515.

2) Haberfellner / Rutz reservieren den Begriff "Fertigungssteuerung" für die Phasen der Durchsetzung; der Gesamtbereich der Mengen- und Terminplanung und der Durchsetzung, also der Fertigungssteuerung i.w.S. wird von ihnen mit "Produktionssteuerung" bezeichnet.

dem Nettobedarf an Produkten der Teilebedarf abzuleiten; dies kann deterministisch über die Stücklistenauflösung oder stochastisch über die Verbrauchssteuerung geschehen. Genaugenommen sind noch zwischen Produkt- und Teilestufe eine oder mehrere Gruppenstufen eingeschaltet, so daß die einzelnen Stufen über die Auflösung des Bedarfs einer Stufe mit der nächst unteren miteinander verkettet sind. Zu dem abgeleiteten (Sekundär-) Bedarf jeder Stufe wird der auf dieser Stufe anfallende Primärbedarf aus dem Produktionsprogrammplan und den Kundenaufträgen (z.B. Ersatzteile) addiert; die Summe ergibt den Bruttobedarf der betreffenden Stufe. Entsprechend der Produktstufe hat die Materialbewirtschaftung für jede Stufe den Bruttobedarf dem Lagerbestand und dem Einkauf gegenüberzustellen und den Nettobedarf zu bestimmen. Auf der Teilestufe stellt sich zusätzlich das Problem, optimale Losgrößen für die Fertigung zusammenzustellen.

ad 2. Das Terminwesen:

Hier ist zwischen einer Grobtermin- und einer Feinterminplanung zu unterscheiden.

Die Grobplanung hat den Liefertermin zu planen [1]. Weiterhin stellt sich ihr die Aufgabe, "den Produktionsplan langfristig mit der Personal- und Maschinenkapazität in Übereinstimmung zu bringen" [2]

---

1) vgl. Ellinger, Th.: Ablaufplanung ..., a. a. O., S. 107, 111.
Hoss, K.: Fertigungsablaufplanung mittels operationsanalytischer Methoden. Würzburg, Wien 1965, S. 63.
VDI, Fachgruppe Betriebstechnik: a. a. O., S. 61ff.

2) Hammer, H.: a. a. O., S. 19
vgl. Hoch, P.: Betriebswirtschaftliche Methoden und Zielkriterien der Reihenfolgeplanung bei Werkstatt- und Gruppenfertigung. Frankfurt, Zürich 1973, S. 17,41.

In der Feinplanung [1] fällt obligatorisch die Aufgabe an, die Reihenfolge der Auftragsbearbeitung unter Beachtung der Restriktionen der beschränkten Kapazität auf Maschinengruppen-Ebene festzulegen. Diese zentrale Phase der Terminplanung, die mit den synonymen Begriffen "Belastungsplanung" oder "Kapazitätsterminierung" angesprochen ist, kann - fakultativ - durch die "Durchlaufterminierung" bzw. "Zwischenterminierung" vorbereitet werden, bei der die Aufträge ohne Berücksichtigung der Kapazitätsbeschränkung terminiert werden.

ad 3. Die Fertigungssteuerung (i. e. S.):

Erst hier folgt nach den 2 Aufgabenbereichen der Planung die eigentliche Durchsetzung [2] der Maschinenbelegung, auch als "Arbeitsverteilung" oder "dispatching" bezeichnet [3].

Reihenfolge-Entscheidungen der Maschinenbelegung werden also in der "Kapazitätsterminierung" getroffen. Auf diese Phase sind demnach die Überlegungen dieser Arbeit vor allem ausgerichtet; allerdings wird von Gegebenhei-

---

1) vgl. VDI, Fachgruppe Betriebstechnik: Elektronische Datenverarbeitung bei der Produktionsplanung und -steuerung. Teil II (VDI-Taschenbuch T 23): Fertigungsterminplanung und -steuerung. Düsseldorf 1971, S. 43 ff.

2) Ellinger, Th.: Die Produktionssteuerung aus betriebswirtschaftlicher Sicht. In: Rühle von Lilienstern, H. (Hrsg.): Die informierte Unternehmung. Berlin 1972, S. 208.

3) v. Falkenhausen, H.: Arbeitsverteilung mit Vorrangregeln. VDI-Berichte, Nr. 101 "Fertigungsorganisation im Wandel". Düsseldorf 1966, S. 97.

ten eines konkreten Fertigungssteuerungssystems abstrahiert, wobei nicht übersehen wird, daß - wie die Praxis betont - das Materialwesen die größeren Probleme für die Einrichtung eines Produktionssteuerungssystems stellt.

1.2 Zielsetzungen der Reihenfolgeplanung

1.21 Einzelne Zielsetzungen

Das übergeordnete Formalziel der Gewinnmaximierung ist für die Reihenfolgeplanung nicht operational [1] und muß durch technizitäre Ziele ersetzt werden [2]. Abgesehen von besonderen Problemstellungen (etwa der kontinuierlichen, zwischenlagerlosen Fertigung, bei der das Ziel der Minimierung der Prozeßdauer [3] oder Gesamtdurchlaufzeit [4] relevant wird) werden angeführt [5]:

---

1) Günther, H.: Das Dilemma der Arbeitsablaufplanung. Zielverträglichkeiten bei der zeitlichen Strukturierung. Betriebswirtschaftliche Studien Bd. 10, Berlin 1971, S. 27.

2) Zur Ableitung der Zielsetzungen der Zeitplanung s.: Muscati, M.: Zur Optimierung der Zeitplanung unter besonderer Berücksichtigung von ablaufhomogenen Prozessen. Diss. Köln 1970, S. 26 ff.

3) Günther, H.: a. a. O., S. 37 ff.

4) Ellinger, Th.: Durchlaufzeit. In: Grochla, E. (Hrsg.): Handwörterbuch der Organisation (HWO). Stuttgart 1970, Sp. 460.

5) IBM (Hrsg.): a. a. O., S. 5 ff.
VDI, Fachgruppe Betriebstechnik: a. a. O., Teil II, S. 18 ff.

1. die Minimierung der mittleren Durchlaufzeit
2. die Maximierung der durchschnittlichen Kapazitätsauslastung und
3. die Termineinhaltung [1].

1.211 Die Minimierung der mittleren Durchlaufzeit [2]

Die Durchlaufzeit eines Auftrages umfaßt die Zeitspanne von der Bereitstellung des Materials für den ersten Arbeitsgang bis zum Vollzug des letzten Arbeitsgangs. [3] Aus

$$F = \sum_i t_{w_i} + \sum_i p_i, \qquad i = 1, \ldots, n \text{ (Index der Arbeitsgänge)}$$

ihrer Definition, in der t_w die Wartezeit und p die Bearbeitungszeit bedeuten, läßt sich die Minimierung der mittleren Wartezeit als identisches Ziel ableiten [4], wenn alle technologisch vorgegebenen Zeitanteile wie Transport-, Rüst-, Kontrollzeiten etc. unter die Bearbeitungszeiten subsumiert werden.

---

1) Grundsätzlich interessieren die Durchschnittswerte der Zielmaße; im einzelnen haben aber auch die Streuungsmaße eine besondere Aussagekraft.

2) vgl. Hoss, K.: a. a. O., S. 38 ff.
vgl. Conway, R. W. / Maxwell, W. L. / Miller, L. W.: Theory of Scheduling. Reading / Mass. (USA) 1967, S. 15 ff.

3) Ellinger, Th.: Durchlaufzeit ...., a. a. O., Sp. 460.

4) Hoss, K.: a. a. O., S. 40
Conway, R. W. / Maxwell, W. L. / Miller, L. W.: a. a. O., S. 20.

Die Intention der Zielsetzung der Minimierung der mittleren Durchlaufzeit ist auf 2 Komponenten zurückführbar:[1)]

1. Das durch die Fertigung gebundene Kapital, nämlich die Herstellkosten als Summe aus Material- und Fertigungskosten sollen nur während eines möglichst kurzen Durchlaufs des Auftrags durch den Betrieb gebunden sein, bevor es bei Auslieferung des Auftrags an den Kunden - so wird unterstellt - durch den Verkaufserlös freigesetzt wird. Einen adäquaten Ausdruck für diese Aufwands-Komponente stellen die Zinsen für den kumulierten Herstellwert dar, auch als Kapitalbindungskosten bezeichnet.

2. Die Kosten der Lagerung der Halbfabrikate sind gering zu halten[2)]. Mit einiger Vereinfachung mögen diese Lagerungskosten als vom aufgelaufenen Wert des Auftrags abhängig angesehen werden, so daß als Bemessungsgrundlage für beide Kostenkomponenten der Durchlaufzeit die kumulierten Herstellkosten des Auftrages gelten können.

Läßt man den Anteil an Materialeinsatz am Herstellwert außer Acht, so reduziert sich dieser auf den Fertigungsaufwand, der bei Abstrahierung von unterschiedlichen Kostensätzen, der verschiedenen Arbeiter- und Maschinenstundenarten der Summe an Bearbeitungszeiten der beendeten Arbeitsgänge an einem Auftrag proportional ist[3)]. Mit dieser Begründung messen Conway/Maxwell/Miller[4)] den

---

1) Günther, H.: a. a. O., S. 101.

2) Hoss, K.: a. a. O., S. 155 f.

3) s. Berr, U. / Papendieck, A. J.: Produktionsreihenfolgen und Losgrößen der Serienfertigung in einem Werkstattmodell. Wt. 60/1970, S. 193.

4) Conway, R. W. /Maxwell, W. L. /Miller, L. W.: a. a. O., S.22.

Herstellwert aller Aufträge durch die Summe an enthaltener Bearbeitungszeit, d. h. durch das "work completed ", und halten es für "the best estimate of the dollar value of work-in-process inventory" [1].

Bei allen enthaltenen Vereinfachungen (Gleichsetzen des Herstellwertes mit den Fertigungskosten durch Ausklammerung des Materialeinsatzes, einheitlicher Arbeits- und Maschinenstundensatz) ist das work completed als der mit dem enthaltenen Arbeitsstundeneinsatz gewichtete Zwischenlagerbestand sicher eine differenziertere Zielformulierung für den Aufwand an Kapitalbindung und Halbfabrikatelagerung als das globale Maß der "Durchlaufzeit", nämlich die Zeit von der Einsteuerung des Auftrags in den Betrieb bis zum Ende des letzten Arbeitsganges.

Das wird auch durch den folgenden Zusammenhang klar: Die "queuing formula" stellt eine direkte Proportionalität zwischen der mittleren Durchlaufzeit und der mittleren Anzahl von Aufträgen in der Werkstatt fest [2]. Wenn man berücksichtigt, daß ein gegebener Auftragsbestand in der Werkstatt Aufträge mit stark unterschiedlichem Herstellwert vereinigt, diese Wertunterschiede aber nicht in die "queuing formula" Eingang finden, erkennt man die Überlegenheit der Kapitalbindungsmessung über die Durchlaufzeitmessung.

Weiterhin ist die mittlere Durchlaufzeit ein untaugliches Mittel zur Messung von Aufträgen, in die in Losen und auf Lager gefertigte Teile eingehen.

1) Derselbe: a. a. O., S. 15.

2) Conway, R. W. /Maxwell, W. L. /Miller, L. W.: a. a. O., S. 15 ff.
Hoss, K.: a. a. O., S. 145.

Denn wie sollten die Durchlaufzeiten von Lagerteile-Aufträgen den Kundenaufträgen belastet werden? Daher ist es angemessener, die Lagerzeit und -menge aller Teile, Gruppen und Produkte, jeweils gewichtet mit dem aufgelaufenen Arbeitsstundeneinsatz bis zum Verlassen des Betriebes zu messen.

1.212 Die Maximierung der mittleren Kapazitätsauslastung

Analog der Definition der mittleren Durchlaufzeit wird die Kapazitätsauslastung einer Maschine wiedergegeben durch

$$C = \frac{\sum_j p_j}{\sum_j p_j + \sum_j t_{l_j}} \quad ^{1)} \qquad j = 1 \ldots\ldots m \text{ (Index der Aufträge)}$$

wobei p die Bearbeitungszeit und t_{l_j} die Leerzeit der Maschine vor Bearbeitung von Auftrag j bedeuten. Daraus folgt als identische Zielsetzung die Minimierung der Leerzeiten.

1.213 Die Termineinhaltung [2)]

Definiert man die Zeitspanne von der Ankunft des Auftrags bis zum vorgeplanten Liefertermin als "zulässige Durchlaufzeit" oder "allowance" [3)], so ist mit der Differenz von tatsächlicher und zulässiger Durchlaufzeit die Terminüberschreitung festgelegt. Da die zulässige Durchlaufzeit einem Auftrag bei vorheriger Lieferterminfestsetzung unabhängig von der Reihenfolge-Entscheidung zugewiesen wird, liefert eine Reihenfolge, die in Bezug auf die mittlere Durchlaufzeit der Aufträge ein Minimum er-

---

1) vgl. Hoss, K.: a. a. O., S. 37.

2) vgl. Hoss, K.: a. a. O., S. 41 ff.
vgl. Conway, R.W. / Maxwell, W.L. / Miller, L.W.: a. a. O., S. 13.

3) Derselbe: a. a. O., S. 10.

bringt, auch in bezug auf die mittlere Terminüberschreitung ein Minimum [1].

Die durchschnittliche Terminüberschreitung, in die Verspätungen und Verfrühungen eingehen können, läßt sich zur größeren Transparenz in die beiden Einzelkomponenten "durchschnittliche Terminverspätung" und "durchschnittliche Terminverfrühung" aufspalten; damit wird eine Verfälschung des Maßes der mittleren Terminüberschreitung, die auch als durchschnittliche Termineinhaltung bezeichnet werden soll, auf Grund der Neutralisierung von positiven und negativen Werten vermieden. Es sei also zusammenfassend mit Bezug auf die englischen Begriffe definiert :

1. mittlere Termineinhaltung = "lateness" = $\bar{L}$
2. mittlere Terminverspätung = "tardiness" = $\bar{T}$
3. mittlere Terminverfrühung = "earliness" = $\bar{E}$

Das "key measure" [2] der gesamten Terminproblematik ist die Minimierung der mittleren Terminverspätung. Eine Korrektur von $\bar{T}$ wird von Conway/Maxwell/Oldziey angegeben : Bezugsgröße für den Mittelwert der Verspätung sollte nicht die Anzahl aller Aufträge eines Beobachtungsumfanges sein, sondern nur die Anzahl aller verspäteten Aufträge [3]. Diese "conditional tardiness" ($\bar{T}_c$), multipliziert mit dem Anteil der verspäteten Aufträge (f_t), geht über in $\bar{T}$.

---

1) Conway, R.W. /Maxwell, W.L. /Miller, L.W. : a. a.O., S. 13.

2) Conway, R.W. ; Priority Dispatching and Job Lateness in a Job Shop. J. Ind. Eng. 16/1965, S. 233.

3) Conway, R.W. /Maxwell, W.L. /Oldziey, J.W.:Sequencing against due-dates. In : Hertz, D.B. /Melèse, J. (Hrsg.): Proceedings of the Fourth International Conference on Operational Research. New York etc. 1966, S. 603.

Andere mögliche Zielformulierungen sind in etwa durch $\overline{L}$, $\overline{T}$ und $\overline{T}_c$ ersetzbar : z. B. wird eine große Streuung der lateness auch wahrscheinlich zu einem großen $\overline{T}$ - Wert führen. Interessant sind also die beiden Zielgruppen mittlere Termineinhaltung einerseits und mittlere (bedingte) Terminverspätung andererseits.

1.22 Das Zielverhältnis [1)]

Bei einer Gliederung nach der Zielhierarchie lassen sich 2 Grundmöglichkeiten eines Zielverhältnisses herausschälen :

1. die Zieldominanz,
2. der Zielkompromiß.

1.221 Die Zieldominanz

Eine von mehreren Zielsetzungen wird als Oberziel angesehen, die übrigen kommen erst zur Geltung, wenn dieses dominierende Ziel gesichert ist [2)]. Dieses Konzept entspricht einem instinktiven praktischen Vorgehen: so widmet Conway et. al.[3)] dem Terminziel das "most interest", da es über die anderen Ziele dominiere; Albach [4)] unterscheidet eine Vorrangstellung der Durchlaufzeitminimierung und Kapazitätsauslastungsmaximierung in der Situation eines Verkäufermarktes von einer Dominanz der Termineinhaltung in der Situation eines Käufermarktes.

1.222 Der Zielkompromiß

Hier stellt sich das Problem, eine Gewichtungsskala festzulegen. Dabei erscheint es zunächst plausibel, die ver-

1) vgl. Günther, H.: a. a. O., S. 83 ff.

2) Derselbe: a. a. O., S. 98 f.

3) Conway, R. W. /Maxwell, W. L./Miller, L. W. :a.a.O., S.229

4) Albach, H.: a. a. O., S. 16 f.

schiedenen absoluten Ziele über Kostensätze [1] zu gewichten, so wie etwa beim Losgrößenproblem widerstreitende Tendenzen [2] über die Kostenbewertung zu einem eindeutigen, quantifizierten Kompromiß geführt werden [3].

Die Durchlaufzeit kostenmäßig zu quantifizieren, bereitet keine Schwierigkeiten, wenn man die obige Formulierung des mit dem Arbeitsstundeneinsatz gewichteten Lagerbestandes zu Grunde legt; es ist dann nur eine Kostensatzverteilung für die Arbeitsstundenarten zu gewinnen.

Schwierig ist aber die Erfassung von Kosten der Leerzeiten der Maschinen, die als Aufwand für den Nutzenentgang Opportunitätskosten darstellen [4]. Allerdings treten auch bei optimalen Maschinenbelegungen Maschinenleerzeiten auf, sogenannte "programmbedingte" Leerzeiten [5], für die aber keine Opportunitätskosten angesetzt werden dürfen. Für eine Reihenfolgeplanung ist es nun unmöglich, Leerzeiten als "programmbedingt" oder "planungsbedingt" zu klassifizieren. Damit ist auch eine Quantifizierung von Leerkosten logisch unmöglich [6].

---

1) vgl. Hillier, F. S.: Cost Models for the Application of Priority Waiting Line Theory to Industrial Problems. J. Ind. Eng. 16/1965, S. 178 ff.

2) Ellinger, Th.: Ablaufplanung . . . , a. a. O., S. 87.

3) Günther, H.: a. a. O., S. 84.

4) Derselbe: a. a. O., S. 103.

5) Albach, H.: a. a. O., S. 12 f.

6) Günther, H.: a. a. O., S. 103.

Bei der Termineinhaltung wären Konventionalstrafen leicht erfaßbar [1]. Bei Berücksichtigung von Verspätungsfolgen für Montagearbeiten [2] sind auch progressiv verlaufende Terminkosten denkbar [3]; ihnen entspricht am ehesten die Zielsetzung der Minimierung der maximalen Terminverspätung. Allerdings kann man die Verschlechterung der Wettbewerbsfähigkeit (good-will) durch schwache Termintreue kaum bewerten [4].

Anstelle einer kostenmäßigen Überführung von Zielen, die an den oben angegebenen Schwierigkeiten scheitert, kann nur eine individuelle Gewichtung der Ziele einen Zielkompromiß erreichen [5]. Darunter ordnet sich die Zieldominanz als Spezialfall ein. Ein anderer Sonderfall formuliert ein Hauptziel mit Mindestforderungen an die Restziele als Nebenbedingungen [6]; z.B. wird hauptsächlich die Termineinhaltung gefordert, aber unter der Re-

---

1) Conway, R.W./Maxwell, W.L./Miller, L.W. a. a.O., S. 21.
Hoss, K.: a. a. O., S. 42.

2) vgl. Gräßler, D.: Der Einfluß von Auftragsdaten und Entscheidungsregeln auf die Ablaufplanung von Fertigungsstraßen. Diss. Aachen 1968, S. 132.

3) Hoss, K.: a. a. O., S. 42 / Gleichung (20).

4) Günther, H.: a. a. O., S. 104.

5) z.B. Le Grande, E.: The Development of a Factory Simulation System Using Actual Operation Data. Abgedruckt in: Buffa, E. S. (Hrsg.): Readings in Production and Operations Management. New York 1968, S. 152.

6) Muscati, M.: a. a. O., S. 56.

striktion einer mindestens 70-prozentigen Kapazitätsauslastung [1].

1.223 Das Dilemma der Ablaufplanung [2]

Dieser Zielkonflikt zwischen der Minimierung der mittleren Durchlaufzeit und der Maximierung der mittleren Kapazitätsauslastung hebt die Notwendigkeit der Suche nach einem Zielkompromiß hervor. Sofern eine kostenmäßige Gewichtung möglich ist, gelingt die formale Eindeutigkeit eines derartigen Kompromisses.

1.224 Zusammenfassung über die Behandlung der Zielseztzungen

Um die Problematik des Verhältnisses der Zielsetzungen zueinander auszuklammern, wird die Erfüllung der Ziele im zu behandelnden Simulationsmodell dieser Arbeit - wie in bekannten Simulationen praktiziert [3] - isoliert nebeneinander aufgezeigt und kommentiert. Die Optimalität einer Strategie wird mit der prozentualen Veränderung der Ergebnisse einer Ausgangsstrategie ausgedrückt.

---

1) Niemeyer, G.: Investitionsentscheidungen mit Hilfe der elektronischen Datenverarbeitung. Berlin 1970, S.175. vgl. Müller, O.: Produktionsplanung und -steuerung mit Hilfe der Simulationstechnik. Die Unternehmung 21/1967, S. 105.

2) Gutenberg, E.: a. a. O., S. 216 f.

3) vgl. z.B. Conway, R.W.: . . . Job Lateness . . . , a. a. O., S. 228 ff.
Conway, R.W. /Maxwell, W.L./Oldziey, J.W.: a.a.O. S. 599 ff.

1.3 Modelltypen und Lösungsmethoden des Reihenfolgeproblems

Zur theoretischen Durchdringung des Reihenfolgeproblems ist die Modellbildung erforderlich. Dabei ist nach dem Kriterium der Fristigkeit der Reihenfolgeentscheidung und nach dem Kriterium des Bekanntheitsgrades der Daten folgende Einordnung möglich [1]:

Statische und dynamische Modelle:

Während die statische Eigenschaft besagt, daß das Auftragsvolumen zu Beginn der Planungsperiode verfügbar ist und eingeplant wird (" all-at-once-scheduling "[2]) und später eintreffende Aufträge für die nächste Periode aufbehalten werden, berücksichtigt das dynamische Modell den laufenden Auftragszugang, indem eine "real-time"-artige Reihenfolge-Entscheidung getroffen wird "each time that a machine completes an operation" [3].

Deterministische und stochastische Modelle:

In einem statischen Modell ist die Annahme der genauen Kenntnisse der Auftrags - Charakteristika vernünftig [4].

---

1) vgl. Day, J. E. /Hottenstein, M. P. : Review of Sequencing Research. Nav. Res. Log. Qu. 17/1970, S. 11 ff. Brown, R. G. : Simulations to Explore Alternative Sequencing Rules. Nav. Res . Log. Qu. 15/1968, S. 282. Conway, R. W. /Maxwell, W. L. /Miller, L.W. : a. a. O., S. 7 .

2) Carroll, D. C. : Heuristic Sequencing of Single and Multiple Component Jobs. Diss. MIT 1965, S. 35.

3) Conway, R. W. /Maxwell, W. L. /Miller, L. W. :a. a. O., S. 236.

4) Muscati, M. : a. a. O., S. 6.

Dagegen stellt sich im dynamischen Modell, in dem das Geschehen im Zeitablauf betrachtet wird, die Frage, wann die Aufträge ankommen und welche Charakteristika sie haben werden. Solche Daten sind nur stochastisch bekannt und werden als Erwartungswerte und Varianzen aus empirischen Häufigkeitsverteilungen angegeben.

Die mehr abstrahierenden statisch-deterministischen Modelle sollen in dieser Arbeit ausgeklammert werden, dagegen sollen die dynamisch-stochastischen Modelle zu Grunde liegen.

Unter den Lösungsmethoden bietet sich eine Unterscheidung an in solche, die zu exakten bzw. näherungsweisen Lösungen führen [1]. Exakt ist der Lösungsweg, der auf Grund eines strengen Algorithmus zum Optimum führt; dagegen erhält man Näherungslösungen durch plausible, sinnvolle Algorithmen . Eine solche Plausibilität wird auch durch den Begriff "Heuristik" beschrieben: heuristische(im Gegensatz zur strengen) Optimalität wird auf dem Weg des "common sense" [2] erreicht.

Heuristische Methoden können nun numerisch oder nicht-numerisch [3] sein. Dieses Begriffspaar deckt sich mit demjenigen von deduktiv und induktiv [4] oder demjenigen

---

1) Muscati, M.: a. a. O., S. 7 f.

2) Buffa, E. S.: Production-Inventory Systems. Planning and Control. Homewood/ Ill. 1968, S. 21.

3) Muscati, M.: a. a. O., S. 7.

4) Kosiol, E.: Modellanalyse als Grundlage unternehmerischer Entscheidungen. ZfhF N.F. 13/1961, S. 318. vgl. Hoch, P.: Betriebswirtschaftliche Methoden ..., a. a. O., S. 109.

von analytisch und empirisch [1] : Numerische Methoden errechnen das heuristische Optimum, nicht-numerische messen es - um den Vergleich mit der theoretischen und experimentellen Physik heranzuziehen.

Diese Unterscheidung führt zugleich eine weitere Stufe an Nicht-Optimalität ein : Ein nicht-numerisch gewonnenes, näherungsweises Optimum ist nicht nur wegen seines heuristischen Charakters nicht absolut optimal, sondern auch deshalb, weil es nur aus den gemessenen, nicht aber anderen denkbaren, nicht realisierten Beobachtungen ausgewertet wurde [2].

Ähnlich anderen Ansätzen [3] untergliedert auch Dickhut [4] die heuristischen Lösungsmethoden nicht weiter, sondern spricht von analytischen - und meint damit die exakten - und von heuristischen Verfahren. Zur ersten Gruppe reiht

---

1) Dickhut, E. O.: Zur Problematik der optimalen Fertigungsablaufplanung in der Einzel- und Kleinserienfertigung. Diss. Aachen 1966, S. 27.

2) Aurich, W.: Verwendung der Simulationstechnik zur Prüfung von Unternehmensstrategien. Diss. Basel 1971, S. 18 ff.

3) vgl. z.B. Krycha, K.-Th.: Analytische und heuristische Verfahren zur Planung des Produktionsablaufs. Diss. Göttingen 1969.
Müller, O.: Exakte und heuristische Methoden zur Lösung von Reihenfolgeproblemen. Berlin, Heidelberg, New York 1970.
Jurke, L.: Beiträge zum Problem der Ablaufplanung. Diss. Bochum 1970.

4) Dickhut, E. O.: a. a. O., S. 27.

er die kombinatorischen Modelle, die mathematischen Programmierungsansätze und das Warteschlangenmodell der Reihenfolgebestimmung ein, zur zweiten das Branch-and-Bound-Verfahren und die Simulation. Der Mangel der Trennung zwischen deduktiven und induktiven heuristischen Methoden wird hier deutlich: Das Warteschlangenprinzip beinhaltet zwar einen höheren Grad an Optimalität als ein experimentelles Verfahren, aber es führt zu keinem exakten Optimum; Die Prioritätsregel als Warteschlangendisziplin [1] kann ja gerade als "rule of thumb" [2] gekennzeichnet werden - ein Begriff, der die Heuristik charakterisiert.

Exakte Methoden, (von denen im Folgenden die Warteschlangentheorie als ausgenommen gelten soll), bieten sich zur Lösung statisch - deterministischer Reihenfolgemodelle an und bleiben daher wie diese in der weiteren Arbeit außer Betracht.

Dynamisch-stochastische, numerische Näherungsmodelle, bezüglich des Reihenfolgeproblems also Warteschlangenmodelle, erreichen schnell einen hohen Grad an Komplexität und sind kaum noch praktikabel, besonders wenn mehrstufige oder mehrkanalige Abfertigungsstrategien Modellbestandteile sind [3]. Diese Arbeit folgt also der nicht-numerischen, heuristischen Behandlung von dynamisch-stochastischen Modellen.

---

1) vgl. Gordon, G.: Systemsimulation. München, Wien 1972, S. 121 ff.

2) Lave, R.E. / Taha, H.A.: A Program for Simulating the Operation of an Overhead Crane. J. Ind. Eng. 16/ 1965, S. 87.

3) Hoss, K.: a. a. O., S. 140 ff.
Conway, R.W. /Maxwell, W.L. /Miller, L.W.: a. a. O., S. 147.

1.4 Einführung in die Simulation

Während das deduktiv warteschlangentheoretische Modell das Ergebnis der Reihenfolgeentscheidung anhand der Erwartungswerte der Zielgrößen errechnet [1], geht die Simulation von Warteschlangennetzen als induktiv heuristische Methode folgenden Weg: Es wird eine Folge von willkürlichen Zufallsausprägungen der stochastischen Variablen (n) erzeugt, die allerdings, über die große Zahl betrachtet, die geforderte Wahrscheinlichkeitsverteilung (en) der Variable (n) repräsentieren muß; der Mittelwert der verschiedenen daraus resultierenden Werte der Zielgröße liefert eine Schätzung für den Erwartungswert.

Aus dem Wortstamm "similis" = "ähnlich" und unter Beachtung der übertragenen Bedeutung von "simulieren" = "so tun, als ob" leitet sich also ein erster Begriffsinhalt ab: die "Nachahmung". So findet sich etwa die Definition: "Unter Simulation versteht man ein Nachbilden des Prozesses, so wie er in Wirklichkeit ... ablaufen könnte, in einem Zahlenbeispiel" [2].

Während der Oberbegriff "Modell" allgemein ein Abbilden der Wirklichkeit beinhaltet [3], beschränkt sich die Simulation spezieller auf die Nachbildung der Wirklichkeit im Zeitablauf [4], wie etwa Gordon [5] formuliert:

---

1) Gordon, G.: Systemsimulation. München, Wien 1972, S. 123.

2) Klingst, A.: Optimale Lagerhaltung. Würzburg, Wien 1971, S. XIV (Vorwort).

3) Koller, H.: Simulation und Planspieltechnik. Wiesbaden 1969, S. 26.

4) Niemeyer, G.: Investitionsentscheidungen mit Hilfe der elektronischen Datenverarbeitung. Berlin 1970, S. 172 f.

5) Gordon, G.: a. a. O., S. 26.

Simulation sei eine Methode, "bei der man die Änderungen eines dynamischen Systemmodells über der Zeit verfolgt"; mit anderen Worten: nicht nur die Struktur der Realität, sondern auch ihr Verhalten wird nachgeahmt [1].

Hinsichtlich der Zeitführung in der Simulation können 2 Ansätze unterschieden werden: der intervallorientierte und der ereignisorientierte Zeitfortschritt [2], in der englischsprachigen Terminologie als Methode der "fixed time increments" bzw. "variable time increments" [3] bezeichnet. Im ersten Fall untersucht das Modell den Systemzustand nach einem jeweils gleichen Zeitintervall; da die Periode beliebig klein gewählt werden kann, eignet sich diese periodenorientierte Simulation zur Approximation an kontinuierliche Systemabläufe, die durch vorwiegend kontinuierliche Systemänderungen gekennzeichnet sind [4], wie sie sich in physikalischen oder makroökonomischen Modellen finden. Wenn aber das zu simulierende System diskrete Änderungen erfährt, wie es in den dieser Arbeit zugrundeliegenden Wartesystemen der Fall ist, ist die ereignisorientierte Simulation besser geeignet: Nur zu den relevanten Ereigniszeitpunkten [5], zu denen sich nämlich

---

1) Müller-Merbach, H.: Operations Research, Methoden und Modelle der Optimalplanung. München 1969, S. 414.

2) Gordon, G.: a. a. O., S. 129.

3) Chu, K./Naylor, T.H.: Two Alternative Methods for Simulating Waiting Line Modells. J. Ing. Eng. 16/1965, S. 390.

4) Gordon, G.: a. a. O., S. 14.

5) Emshoff, J.R./Sisson, R.L.: Design and Use of Computer Simulation Models. New York 1970, S. 76 f.

eine Systemvariable ändert (z. B. Eintreffen eines Auftrags, Beendigung einer Maschinenbearbeitung etc.) [1], nicht aber nach jeder Zeitintervalleinheit untersucht die Simulation das System.

Als zweiter Begriffsinhalt der Simulation kann das "Experimentieren" herausgearbeitet werden: Die Strategie, (auch als Faktor [2] oder Entscheidungsregel [3] bezeichnet) wird in verschiedenen Einstellungen getestet: "Eine Simulationsstudie wird meist als eine Folge von Läufen geplant, deren Ziel ein Vergleich einer Zahl von alternativen Systemen oder Operationsbedingungen ist" [4]. Wie oben der heuristische Charakter eines induktiven, experimentellen Verfahrens herausgestellt wurde, so zeigt sich der Plausibilitätscharakter a ch besonders in der Anlage der Folge von Läufen, d. h. in der sogenannten "Faktorenauslegung" [5]: Es stellt sich nämlich die Frage, wie die Strategie, z. B. die Prioritätsregel, für einen neuen Simulationslauf einzustellen ist, um aus der großen Zahl von möglichen Einstellungen in möglichst wenig Läufen

---

1) vgl. IBM (Hrsg.) : The Production Information and Control System. White Plains/N. Y. 1968, S. 72.

2) Mertens, P.: Simulation. Stuttgart 1969, S. 22.

3) Etschmaier, M.M.: Optimale Warteschlangensysteme. ZfOR 16/1972, Serie B, S. 209.

4) Gordon, G.: a. a. O., S. 280.

5) Mertens, P.: a. a. O., S. 22.

die optimale herauszufinden. "Im Prinzip entspricht die Simulation dem Lernen durch Probieren" [1], indem eine Folge von Läufen erzeugt wird, "bis keine besseren Resultate mehr zu erwarten sind" [2]. Anschaulich äußert sich dieser Charakter, wenn die Simulation eine brauchbare Kombination von mehreren Strategien ermitteln soll: So verfährt die Ein-Faktor-Methode [3] nach diesem intuitiven Experimentier-Muster, wenn sie für die erste Strategie isoliert ein heuristisches Optimum ermittelt, dann die beste Einstellung der ersten Strategie mit Varianten einer zweiten kombiniert, bis ein brauchbares Ergebnis dieser Kombination gefunden ist, schließlich diese Kombination mit Varianten einer dritten Strategie koppelt usw. [4]. Die Bedeutung von "nachahmendem Experimentieren" wird auch durch folgende Definitionen der Simulation unterstrichen: Simulation ist "zielgerichtetes Experimentieren an Modellen, die der Wirklichkeit nachgebildet sind" [5], "is the process of conducting experiments on a

---

1) Matt, G.: Simulationsprogramme: Aufbau, Ablauf und Anwendungsmöglichkeiten. IBM-Form 81 565; 1969, S. 2.

2) Müller, O.: Produktionsplanung und -steuerung mit Hilfe der Simulationstechnik. Die Unternehmung 21/1967, S. 108.

3) Mertens, P.: a. a. O., S. 30 f.

4) Schreiter, D. u. a.: Simulationsmodelle für ökonomisch-organisatorische Probleme. Schriftenreihe Datenverarbeitung. Institut für DV Dresden. Köln, Opladen 1968, S. 85.

vgl. Niemeyer, G.: a. a. O., S. 170 ff.

vgl. Maxwell, W. L./Mehra, M.: Multiple-Factor Rules for Sequencing with Assembly Constraints. Nav. Res. Log. Qu. 15/1968, S. 241 ff.

5) Müller-Merbach, H.: a. a. O., S. 414.

model of a system in lieu of . . . . direct analytical solution "[1]. Weitere anschauliche Begriffe beschreiben die Simulation als eine "duplication"[2] oder eine "working analogy"[3] eines realen Systems; diese "experiments with the system on paper"[4], [5].

Abgesehen von den Reihenfolgeentscheidungen (Prioritätsregeln) sind folgende industriebetriebliche Strategien häufig durch Simulation getestet worden: Reparatur- und Instandhaltungsstrategien[6], Lagerhaltungspolitiken[7], innerbetriebliche Materialfluß- und -transportregeln.[8] etc. Ausführliche Auflistungen der Anwendungsbereiche der Simulation geben

---

1) Mize, J.H. / Cox, J.G.: Essentials of Simulation. Englewood Cliffs/N.J. 1968, S. 1.

2) Bowman, E.H./Fetter, R.B.: Analysis für Production and Operations Management. Homewood / Ill. 3. Aufl. 1968, S. 415.

3) Chorafas, D.N.: Systems and Simulation. 2. Aufl., New York, London 1967, S. 15.

4) Eilon, S.: Elements of Production Planning and Control. London 1962, S. 351.

5) vgl. weitere Definitionen bei:
Meier, R.C./Newell, W.T./Pazar, H. L.: Simulation in Business and Economics. Englewood Cliffs/N.J. 1969, S. 2.
Mertens, P.: a. a. O., S. 7.
Emshoff, J.R./Sisson, R.L.: a. a. O., S. 9.
VDI/ AWF - Fachgruppe Förderwesen : Simulationsmethoden im Materialfluß. Berlin, Köln 1971 (VDI 2696).

6) Kress, H.: Untersuchungen zur Bestimmung der optimalen Organisation von Instandhaltungsarbeiten an Fertigungsmaschinen bei Werkstättenfertigung anhand eines Simulationsmodells. Diss. TH. München 1968.

7) z.B. Niemeyer, G.: a. a. O., S. 170 ff.

8) Lave, R.E/ Taha, H.A.: A Program for Simulating the Operation of an Overhead Crane. J. Ind. Eng. 16/1965, S.87 ff.

Mize/Cox [1] und Emshoff/Sisson [2], [3].

Eine Bedingung für die Nachahmungseigenschaft der Simulation wird mit der Forderung ausgedrückt, das Verhalten der stochastischen Variablen des Systems durch eine repräsentative Folge von zufälligen Realisierungen der Variablen nachzubilden [4], die der unterstellten Verteilung gehorchen. Damit stellt sich das Problem, nachahmungsfähige Zufallszahlen zu erzeugen.

Hierbei ist in 2 Schritten zu verfahren: Zunächst sind gleichverteilte Zufallszahlen zu generieren, anschließend sind diese in solche zu verwandeln, die einer bestimmten Wahrscheinlichkeitsverteilung unterliegen. Zur ersten Aufgabe werden üblicherweise [5] die Kongruenzmethoden der Modulodivision, die Mid-Square-Methode u. a. gerechnet: Die Schwierigkeiten ihrer Erzeugung sind damit beschrieben, daß die Zahlenfolge auf Grund eines Bildungsgesetzes erzeugt wird und daher ei-

---

1) Mize, J.H./Cox, J.G.: a. a. O., S. 196 ff.

2) Emshoff, J.R./Sisson, R.L.: a. a. O., S. 264.

3) vgl. weiter: Russell, J.R./Stobaugh jr., R.B./Whitmeyer, F.W.: Simulation for Production. Harvard Business Review 45/1967, S. 162 ff.
Hauk, W./Stommel, H.-J.: Simulation im Produktionsbereich. Eine kritische Bestandsaufnahme. ZwF 68 / 1973 S. 69 f.

4) s.S. 24.

5) vgl. Naylor, T.H./Balintfy, J.L./Burdick, D.S./ Chu, K.: Computer Simulation Techniques. New York 1966, Kap. IV.
Koxholt, R.: Die Simulation-ein Hilfsmittel der Unternehmensforschung. München, Wien 1967, S. 42 ff.
Mertens, P.: a. a. O., S. 35 ff.

ne "Pseudo"- Zufallszahlenfolge [1] darstellt, die schnell degenerieren, z.B. zu wiederkehrenden Zyklen führen kann. Im zweiten Schritt werden die so erzeugten gleichverteilten Zufallszahlen als unabhängige Variable in die Umkehrfunktion der Verteilungsfunktion eingegeben; die so transformierten Zahlen spiegeln die geforderte Verteilung wider [2].

Um die Aussagekraft eines Simulationsmodells gegenüber den abgebildeten System zu garantieren, sind 2 Prüfungen nötig: erstens die Überprüfung der internen logischen Richtigkeit, auch als "verification" bezeichnet [3], und zweitens vor allem der Test auf Nachahmungsfähigkeit des Simulationsmodells; diese "validation" beurteilt die "adequacy of the model as a mimic of the system which it is intended to represent" [4]. Im Grunde ist diese zweite Prüfung nur bei Simulationen möglich, deren reales System mit seinen historischen Daten zum Vergleich herangezogen werden kann, andernfalls "there is no good way to verify that the model, in fact, represents the system" [5]. Bei Modellen, die keine bestehenden Systeme abbilden, wie Layoutplanungen neuer Betriebsabläufe oder stark vereinfachte Simulationen von bestehenden Systemen, ist man umso mehr darauf verwiesen, "to be alert for any dis-

---

1) Gordon, G.: a. a. O., S. 102.

2) Koxholt, R.: a. a. O., S. 42.

3) Mihram, G.A.: Some Practical Aspects of the Verification and Validation of Simulation Models. ORQ 23/1972, S. 18.

4) Mihram, G.A.: a. a. O., S. 25.

5) Meier, R.C. /Newell, W.T. /Pazer, H.L.: a. a. O., S. 295 f.

crepancies or unusual characteristics in the results obtained from the model" [1), 2)].

Die Ergebnisse eines Simulationslaufes auszuwerten, ist ein Problem der Schätztheorie: Inwieweit darf z. B. der Mittelwert der beobachteten Terminüberschreitungen der Aufträge eines Laufes als Schätzwert der erwarteten mittleren Terminüberschreitung des betreffenden Unternehmens genommen werden? Einflußgrößen der Konfidenz der Schätzungen sind etwa der Beobachtungsumfang des Simulationslaufs, die Unabhängigkeit der Beobachtungen u. ä. [3)]. Eine besondere Bedingung ist das Vermeiden des Anfangswertfehlers: Aussagekräftige Messungen können erst nach Erreichen des eingeschwungenen Zustandes des Modells gemacht werden, nachdem die Übergangserscheinungen abgeklungen sind [4)].

---

1) Meier, R. C./Newell, W. T./Pazer, H. L.: a. a. O., S. 296

2) vgl. Martin, F. F.: Computer Modeling and Simulation. New York, London, Sydney 1968, S. 153 ff. und 187 ff.
Emshoff, J. R./Sisson, R. L.: a. a. O., S. 204 ff.
Naylor, T. H./Balintfy, J. L./Burdick, D. S./Chu, K.: a. a. O., Kap. VIII.

3) vgl. Gordon, G.: a. a. O, S. 280 ff.

4) Derselbe: a. a. O., S. 287 ff.
Emshoff, J. R./Sisson, R. L.: a. a. O., S. 190 ff.

2. Simulationsmodelle für Reihenfolgeentscheidungen in der Literatur

Die meisten Simulationen über Reihenfolgeentscheidungen, über die in der Literatur berichtet wird, arbeiten unter folgender vereinfachender Modellbedingung : die zu fertigenden Aufträge sind unabhängig von der Fertigung anderer Aufträge. Damit ist ein grundlegendes Kriterium der Produktion bzw. von Abläufen in den verschiedensten Systemen überhaupt angesprochen: Sind Vorgänge isoliert planbar, oder sind vielmehr andere Gegebenheiten als Datum zu berücksichtigen? Realistischerweise sind derartige Interdependenzen von Geschehnissen zu Grunde zu legen. Hier mag man etwa an die Komplexität der Fahrplanerstellung von Verkehrsmittelsystemen denken: Der Fernverkehr setzt z.B. dem Nahverkehr Daten für eine Anschlußmöglichkeit an den Kreuzungspunkten. In der Produktion wird man vielfach mit limitationalen Gesetzmäßigkeiten konfrontiert, die für einen erhöhten Einsatz eines Produktionsfaktors einen Mehreinsatz der übrigen Faktoren verlangen, wenn der Output zunehmen soll; entsprechend hat die Kuppelproduktion der starren Komplementarität von Kuppelprodukten Rechnung zu tragen.

Im Besonderen ist bei der Fertigung von Einzelteilen zu beachten, welche dieser Teile zu einem gesamten Produkt zusammenzusetzen sind. Damit werden der zeitlichen Planung der Teile-Aufträge Termine für die gemeinsame Montage vorgegeben. Realitätsnähere Modelle der Reihenfolgeplanung haben also "Multiple Component" statt "Single Component Jobs"[1],

---

1) Carroll, D. C.: a. a. O.

bzw. "serial-parallele" statt "seriale" Arbeitsgangfolgen [1] zu unterstellen,um die in der Praxis vorherrschende terminliche Interdependenz der Fertigstellung der Einzelteile aus Gründen ihrer Montierbarkeit transparent zu machen. Zunächst sei jedoch auf die Untersuchungen mit "linearen" [2] Auftragsstrukturen, d.h. mit der Fertigung von Einzelteilen, eingegangen, um die elementaren und in jedem Fall auftretenden Probleme der Reihenfolgeplanung aufzuzeigen.

2.1 Reihenfolgeentscheidungen in Modellen mit terminlich voneinander unabhängigen Aufträgen

2.11 Einzelne Ansätze in der Literatur

"In the literature, only a few articles are concerned with multicomponent jobs" [3], während die Veröffentlichungen über die Reihenfolgeplanung von Einzelteilen aufgrund von Simulationen sehr zahlreich sind [4]. Teilt man die auftragsbezoge-

---

1) Carroll, D. C.: a. a. O., S. 23.

2) Trilling, D. R.: Job Shop Simulation of Orders that Are Networks. J. Ind. Eng. XVII/1966, S. 59.

3) Day, J. E./Hottenstein, M. P.: a. a. O., S. 11.

4) Bibliographien über die entsprechenden anglo-amerikanischen Ansätze liefern:
Day, J. E./Hottenstein, M. P.: a. a. O.
Conway, R. W./Maxwell, W. L./ Miller, L. W.: a. a. O., S. 249 ff.
Für den deutschsprachigen Raum geben einen guten Überblick: Keck, H.: Vergleich von Prioritätsregeln mit Hilfe der Simulation. Eine Literaturübersicht. In: Bussmann, K. F./Mertens, P.: OR und DV bei der Produktionsplanung. Stuttgart 1968, S. 282 ff.
Hoch, P.: Betriebswirtschaftliche ..., a. a. O., S. 105 ff.
(Forts. S. 34)

nen Ziele der Reihenfolgeplanung in die 2 Gruppen: Mittelwert von Durchlaufzeit und Termineinhaltung einerseits und Streuung von Durchlaufzeit und Termineinhaltung andererseits ein, so können folgende Ergebnisse der wirksamen elementaren Prioritätsregeln herausgearbeitet werden [1]: Die Shortest-processing-time-Regel (SPT) erbringt günstige Mittelwerte, aber ungünstige Streuungen der angegebenen Ziele, während die auf ein Terminkennzeichen bezugnehmenden Regeln umgekehrt in schlechteren Mittelwerten, aber in einem kleineren Streubereich der Beobachtungen resultieren.

(Forts. v. S. 33)
Insbesondere sei im einzelnen erwähnt:
Le Grande, E.: The Development of a Factory Simulation System Using Actual Operating Data. In: Buffa, E. S.(Hrsg.): Readings in Production and Operations Management. New York 1968, S. 132 ff.
Als besonders wichtiger Ansatz ist anzusehen:
Conway, R. W. / Maxwell, W. L. / Miller, L. W.: a. a. O., Kap. 11.
Ferner: Hoss, K.: a. a. O. - v. Falkenhausen, H.: a. a. O.- Bulkin, M. H. / Colley, J. L. / Steinhoff jr., H. W.: Load Forecasting, Priority Sequencing and Simulation in a Job Shop Control System. Mgm. Sc. 13/1976, Serie B. S. 29 ff.
Gräßler, D.: Der Einfluß von Auftragsdaten und Entscheidungsregeln auf die Ablaufplanung von Fertigungsstraßen. Diss. Aachen 1968.

1) vgl. vor allem auch zum folgenden:
Conway, R. W.: Priority Dispatching and Job Lateness in a Job Shop. J. Ind. Eng. XVI/ 1965, S. 233.

Ausgangspunkt für die 2. Regelgruppe ist die Due-date-Regel (DD), auch als Terminregel [1] bezeichnet. Sie kann in 2 Richtungen präzisiert werden: Einmal läßt sich die Spanne bis zum Liefertermin auf die Anzahl von Arbeitsgängen dieses Auftrags beziehen, und man gelangt so zur Operation-due-date-Regel (OPNDD); zum anderen kann die um die Restfertigungszeit bereinigte Frist bis zum Liefertermin zu Grunde gelegt werden, was zur Pufferzeit- oder Slack-Regel (SL) führt. Kombiniert man die beiden letzten Vorgehensweisen, so läßt sich eine auf die Anzahl an Arbeitsgängen bezogene Pufferzeit (S/OPN) ermitteln, die an anderer Stelle auch als Operation-slack-Regel [2] oder Operation-slack-factor [3] erscheint. Überzeugender noch ist eine Formulierung [4], die die Pufferzeit nicht auf die Anzahl an Operationen, sondern auf die Restfertigungszeit verteilt; denn so werden die Restarbeitsgänge mit ihren Bearbeitungszeiten gewichtet und daher korrekter erfaßt.

Sieht man von dieser auf eine Einheit an Restfertigungszeit bezogene Pufferzeit ab, so liefert S/OPN von den Termin-

---

1) Hoss, K.: a. a. O., S. 165.

2) Conway, R.W. /Maxwell, W. L. /Oldziey, J.W.: a. a. O., S. 599 ff.

3) Maxwell, W.L. /Mehra, M.: Multiple - Factor Rules for Sequencing with Assembly Contraints. Nav. Res. Log. Qu. 15/1968, S. 247.

4) Hoss, K.: a. a. O., S. 166.

merkmale einbeziehenden Regeln die besten Ergebnisse [1] und stellt auch die plausibelste Konstruktion dar, um das Verspätungsrisiko eines Teiles am angemessensten zu berücksichtigen [2]. Daher liegt eine Verbindung von S/OPN und SPT nahe, um die Vorteile einer geringen Streuung der auftragsbezogenen Ziele durch S/OPN mit dem eines günstigen Mittelwertes durch SPT zu kombinieren [3]. Bei Einsatz einer solchen Prioritätsregelkombination wurde nun beobachtet, daß der S/OPN-Anteil mit zunehmender Kapazitätsauslastung versagt [4], während SPT gerade zur Engpaßsteuerung geeignet ist [5]. Daraus ergab sich die Konzeption, das SPT-Gewicht innerhalb der Kombination mit der Kapazitätsauslastung anzuheben [6].

---

1) Conway, R. W.: Priority Dispatching and Job Lateness in a Job Shop, a. a. O., S. 233.
vgl. auch Moodie, C. L. /Novotny, D. J.: Computer Scheduling and Control System for Discrete Part Production. J. Ind. Eng. XIX/1968, S. 337.

2) Bei dieser Aussage ist allerdings von externen Risiken zu abstrahieren; bei der Wertung des Verspätungsrisikos sind in der Realität neben der reinen Bearbeitungszeit noch das Ausschußrisiko durch die Kompliziertheit des Arbeitsganges (z.B. Gießvorgänge, das Härten im Anschluß an die Metallbearbeitung usw.), die Verzögerungen bei Zulieferung, Maschinenstörungen u. a. in Betracht zu ziehen.

3) Conway, R. W.: Priority Dispatching and Job Lateness in a Job Shop, a. a. O., S. 233.

4) Derselbe: a. a. O., S. 234.
vgl. auch Eilon, S. /Hodgson, R. M.: Job Shops Scheduling with Due Dates. The International Journal of Production Research. 6/1967 - 68, S. 1 ff.

5) v. Falkenhausen, H.: Arbeitsverteilung..., a. a. O., S. 97ff.

6) Conway, R. W. /Maxwell, W. L. /Oldziey, J. W.: a. a. O., S. 599 ff. - vgl. auch Gräßler, D.: a. a. O., S. 93.

Schließlich werden noch eine Reihe plausibler Basisregeln in der Literatur vorgeschlagen. Um die HF-Lagerung herabzusetzen, wird das Teil mit der "fewest number of operations remaining" (FOPNR)[1] bevorzugt; das bedeutet, anders ausgedrückt, daß angearbeitete Aufträge möglichst beschleunigt zu Ende geführt werden[2]. Diese Konstruktion kommt der Wertregel[3] nahe, nach der das Teil mit dem höchsten Wert am dringlichsten behandelt wird; zugleich besteht damit eine Verwandtschaft zur Longest-processing-time-Regel (LPT), da ja eine positive Korrelation zwischen Herstellwert und Bearbeitungszeit angenommen wird[4], und wenn unterstellt werden darf, daß die Länge des Auftrags sich in der Länge der Arbeitsgänge niederschlägt. Der deutlichen Tendenz zum Abarbeiten des HF-Bestandes bei FOPNR steht die Tendenz entgegen, keinen ungleichmäßigen Auftragsrückstand anstauen zu lassen, wenn nach der Most-work-remaining-Regel (MWKR) verfahren wird[5].

Angesichts der großen Streuung der Durchlaufzeiten aufgrund der SPT-Regel schlägt Conway[6] den Einbau einer oberen

---

1) Conway, R.W.: Priority Dispatching and Work-in-Process Iventory in a Job Shop. J. Ind. Eng. XVI/1965, S. 123 ff.

2) Sammler, A.: Diskussion von Vorrangregeln (Prioritäten) zur Lösung des Reihenfolgeproblems in der Planung und Lenkung der Einzelteilefertigung. Fertigungstechnik und Betrieb 20/1970, S. 408 ff.

3) vgl. Hoss, K.: a. a. O., S. 163 f.
Colley, J.L., jr.: Principles for Scheduling Job Shops. Systems and Procedures Journal 19/1968 - 4, S. 8 ff. und 19/1968 - 5, S. 28 ff.

4) s.S. 12 f.
vgl. auch Conway, R.W./Maxwell, W.L.: Network Dispatching by the Shortest-Operation Discipline. OR10/1962, S. 71.

5) Conway, R.W. ... Work-inProcess Inventory..., a.a.O., S. 123 ff.

6) Derselbe: a. a. O., S. 128.

Wartezeit-Schranke vor und erreicht damit tatsächlich eine Verbesserung der Ergebnisse. Ein anspruchsvolleres Element einer Prioritätsregel ist durch das Merkmal der Länge bzw. des Arbeitsvolumens der Warteschlange vor der Folgemaschine gegeben [1]; denn die Bevorzugung eines Teils an einer Maschine wird sinnlos, wenn es anschließend vor eine übervolle Folgemaschine kommt. Ebenfalls erscheint es plausibel, bei Erwarten eines dringlichen Auftrages vor einer Maschine nur solche Teile bis zu dessen Eintreffen an der Maschine einzuschieben, die in dieser Zwischenzeit fertig werden können; eine derartige Vorausschau ("look-ahead", "hold-off") und Einflechtung ("insert") [2] können als Zusatz zu den elementaren Regeln Verbesserungen leisten. Eine ähnlich heuristische Charakteristik weist auch das Vertauschungsverfahren von Sprotte [3] auf, das - ausgehend von einer Reihung nach der DD - Regel - solange sukzessive Vertauschungen durchprüft, bis keine Verkürzung der mittleren Terminüberschreitung mehr resultiert.

Ganz anderer Art als die bisher beschriebenen Prioritätskriterien sind die externen Prioritäten, die einem Auftrag lediglich aufgrund der Vorrangigkeit des Bestellers und unabhängig

---

1) Conway, R. W.: a. a. O., S. 125 ff.
vgl. auch Conway, R. W. / Maxwell, W. L. / Oldziey, J. W.: a. a. O., S. 599 ff.
Nullmeier, E.: Die Simulation als Hilfsmittel zur Planung von Fertigungsabläufen. ZwF 67/1972, S. 642 ff.

2) Gere, W. S.: Heuristics in Job Shop Scheduling. MS 13/1967, Series A, S. 167 ff.
vgl. auch Carroll, D. C.: a. a. O., S. 82 ff.

3) Sprotte, H.-G.: Simultane Termin- und Reihenfolgeplanung bei Mehrproduktunternehmen mit Auftragsfertigung und stochastischem Auftragseingang. Diss. Köln 1970, S. 85 ff.

von technischen oder sachlichen Merkmalen eine Bevorzugung einräumen; sie sind z.B. in Fertigungssteuerungssystemen der Praxis als "important ranking" [1] vorgesehen, um Aufträge von bestimmten Kunden oder der Geschäftsleitung bevorrechtigt zu behandeln.

2.12 Anwendungsprinzipien von Prioritätsregeln

Aufgrund der Literatur über Simulationsmodelle für Prioritätsregeln unter den Bedingungen von Einzelteile-Aufträgen muß noch auf 2 wichtige Anwendungsprinzipien der Regeln aufmerksam gemacht werden:

1. Reihenfolgeentscheidungen aufgrund von Prioritätsregeln haben den besonderen Vorzug, sich auf Informationen auf neuestem Stand zu stützen, wenn sie erst im letzt möglichen Augenblick, nämlich im Moment des Freiwerdens der Maschine, gefällt werden; mit anderen Worten: Prioritätsregeln "operate in real time, making decisions as they are required, and which do not attempt to lay out a plan for many jobs and many machines well into the future" [2].

2. Unterscheidet man die Prioritätsregeln nach der Breite der eingehenden Informationsbasis, so ist folgende Stufung möglich: Einerseits kann die Reihenfolgeentscheidung auf Merkmalen des betreffenden Arbeitsganges, des gesamten Auftrags oder gar des gesamten im Betrieb befindlichen Auftragsbestandes beruhen; andererseits kann sie die Situation an der betreffenden Maschine oder zusätzlich anderer Maschinen in Be-

---

1) IBM (Hrsg.): The Production Information and Control System. White Plains/New York 1968, S. 72.

2) Conway, R. W.: . . . Work - in - Process -Inventory..., a. a. O., S. 123.

tracht ziehen [1]. Daraus leiten sich 4 sinnvolle Klassen Informationsumfang ab:

local operation status (z. B. SPT),
local job status (z. B. DD oder SL),
global job status (z. B. die Regel, die die Warteschlangenlänge vor der Folgemaschine verwendet),
global shop status (z. B. die von der Kapazitätsauslastung abhängige Gewichtung des SPT-Anteils in der kombinierten Regel aus S/OPN und SPT).

Grundsätzlich verbessern sich die Simulationsergebnisse durch die Verbreiterung der Informationsbasis, allerdings stellt sich zugleich die Frage der Wirtschaftlichkeit dieses Informationsaufwandes [2].

2.2 Reihenfolgeentscheidungen in Modellen mit terminlich voneinander abhängigen Aufträgen

2.21 Terminliche Problematik bei Montagerestriktionen

Mitunter wird zwar in der Literatur [3] auf die Komplizierung des Reihenfolgeproblems durch Einbeziehung der terminlichen Interdependenz der in eine gemeinsame Montage einmündenden Teile hingewiesen, aber eine modellhafte Behandlung findet

---

1) Maxwell, W. L. /Mehra, M.: a. a. O., S. 248 f.
vgl. auch Gräßler, D.: a. a. O., S. 88 f.
VDI, Fachgruppe Betriebstechnik: Elektronische Datenverarbeitung..., Teil II (VDI-Taschenbuch T23), a. a. O., S. 91f.

2) vgl. Maxwell, W. L. /Mehra, M.: a. a. O., S. 252.
Carroll, D. C.: a. a. O., S. 14.
Conway, R. W. /Maxwell, W. L. /Oldziey, J. W.: a. a. O., S. 614.

3) Brun, B.: Planung und Steuerung der Eigenteilefabrikation in einer Maschinenfabrik mittels EDV. Diss. ETH Zürich 1967, S. 36 f.
Gräßler, D.: a. a. O., S. 132.
Hoch, P.: Zur Reihenfolgeoptimierung bei langfristiger Einzelfertigung. In: Bussmann, K. F. /Mertens, P.: OR und DV bei der Produktionsplanung, a. a. O., S. 275 f.

sich selten, obgleich doch solche Montagerestriktionen weit mehr als Einzelteil-Aufträge in der industriellen Praxis vorherrschen [1]. An der anschaulichen Charakterisierung als "tree-structured-jobs"[2] läßt sich die genaue Problemstellung umreißen: Dadurch, daß bereits fertiggestellte Teile noch im Betrieb lagern müssen, um auf ihre noch nicht fertigen Partnerteile, mit denen sie zusammengesetzt werden müssen, zu warten, treten neben die Basis-Wartezeiten der Werkstattfertigung ("queuing delays") zusätzlich solche der Montagefertigung ("staging delays" [3]). Diese "stay - time" wird definiert als die Zeit, während der "some parts (or sub-groups) wait for the final part to arrive so that they may jointly get into queue behind a machine which is to operate on them jointly"[4].

Es erhebt sich die Frage, ob die Reihenfolgeproblematik solcher Montagerestriktionen, besonders die Termineinhaltung nicht auch unter Abstrahierung von der Montagestruktur eines Auftrages an Modellen mit Teile-Aufträgen behandelt werden kann; denn grundsätzlich ist der Fall einer Montage im Anschluß an die Fertigung gleichgeordnet mit dem Normalfall von vorgegebenen Endterminen" [5]. In der gegenwärtigen Praxis wird ja auch die Montageeigenschaft von Aufträgen nur in der Weise berücksichtigt, daß den Einzelteilen interne Soll-

1) Maxwell, W. L. /Mehra, M.: a. a. O., S. 241.

2) Conway, R. W./Maxwell, W. L./Miller, L. W.: a. a. O., S. 243.

3) Maxwell, W. L. /Mehra, M.: a. a. O., S. 245.

4) Trilling, D. R.: a. a. O., S. 64.

5) Hoch, P.: Betriebswirtschaftliche Methoden..., a. a. O., S. 118.

termine gesetzt werden, während dann bei der Fertigung die Zugehörigkeit zu einer zu montierenden Gruppe nicht weiter in Erscheinung tritt [1].

Dagegen ist nun anzuführen, daß etwa die mittlere Terminver-verspätung von Einzelteilen nicht unbedingt der mittleren Terminverspätung der montierten Produkte entspricht: Wenn man z.B. den Fall bedenkt, daß die Einzelteile verschiedener Aufträge jeweils bis auf eins rechtzeitig verfügbar sind, während das jeweils fehlende Teil stark verzögert wird, so sieht man, daß die günstige durchschnittliche Termineinhaltung der Teile nicht zur Termineinhaltung der Gesamtaufträge beiträgt, denn nur das jeweils kritische Teil ist terminbestimmend. Ein Modell unter Bedingungen von Montagestrukturen bringt demnach mehr Einblick in die Reihenfolgeproblematik bei Terminabhängigkeit. Bedenkt man weiterhin noch, daß die Verzögerung einer Montageeinheit aufgrund eines kritischen Teils kumulativ auf den Folgemontagestufen weiterwirkt, so rechtfertigt sich ein Simulationsmodell, das Auftragsstrukturen mit Montagen von Teilen und Baugruppen vorsieht. Die Betrachtung der Montage als Koordinierung der Fertigung unabhängiger Teile "is at best a suboptimal procedure" [2].

2.22 Synchronisation von Partnerteilen

Wollte man die typisch montagebedingten Wartezeiten vermeiden, so liegt eine Strategie nahe, die die gestreute Fertigstellung der Partnerteile einer Montagegruppe verhindert. Wenn

---

1) vgl. Maxwell, W.L./Mehra, M.: a. a. O., S. 241.

2) Conway, R.W./Maxwell, W.L./Miller, L.W.: a. a. O., S. 243.

Terminschwierigkeiten aufkommen, empfiehlt es sich, in der Weise den Terminstress zu mildern, daß man den Partnerteilen eines ohnehin unvermeidbar kritischen Teiles einen zusätzlichen Spielraum gewährt, wenn dafür der Termindruck auf andere Aufträge geschwächt werden kann; denn die Partnerteile müssen ja aufeinander warten, um gemeinsam montiert zu werden. Man ist "gegebenenfalls gewillt, zusätzliche Wartezeiten zuzulassen, wenn sich dabei eine geringere Varianz der Termineinhaltung ergibt" [1].

Eine derartige Planung verlangt den ständigen Vergleich im Arbeitsfortschritt durch eine Montage verbundener Teile. Prioritätsregeln auf der Basis einer solchen "Synchronisation" [2] verfolgen das Ziel, "to measure the disparity in the degree of completion of the jobs of a product" . . . Ein Teil erhält eine hohe Priorität, "if it is behind in its progress relative to the other jobs of the same product" [3]. Anschaulich wird dieses Vorgehen als "phasing" [4] beschrieben, das die Partnerteile "im Gleichschritt hält"; oder es wird vom "pace-up" [5], also vom Aufdrücken der Teile mit nachhinkendem Arbeitsumfang gesprochen.

---

1) Hoch, P.: Betriebswirtschaftliche Methoden . . ., a. a. O., S. 118.

2) vgl. Conway, R. W. / Maxwell, W. L. / Miller, L. W.: a. a. O., S. 245.

3) Maxwell, W. L.: Priority Dispatching and Assembly Operations in a Job Shop. Memorandum RM-5370-PR Rand Corp., Santa Monica 1969, S. 6.

4) Maxwell, W. L. / Mehra, M.: a. a. O., S. 246.

5) Derselbe: a. a. O., S. 248.

2. 23 Modelle mit Aufträgen unter Montagerestriktionen in der Literatur

2.231 Der Ansatz von Carroll

Von den Ansätzen in der Literatur, welche die Reihenfolgeproblematik terminlich voneinander abhängiger Aufträge explizit an Montagestrukturen behandeln, seien die wichtigsten dargestellt. Hier ist an die bahnbrechende Arbeit von Carroll [1] anzuknüpfen. Sie greift ein Ergebnis von Smith [2] für ein 1-stufiges statisch-deterministisches Modell auf, das zur Minimierung der Summe der Verspätungskosten die Ordnung von Aufträgen in absteigender Folge des Verhältnisses von Verspätungskostensatz (c) zu Bearbeitungszeit (t) vorsieht. Dieses Reihenfolgegesetz ("c over t" = COVERT) bereitet Carroll für ein (dynamisch-stochastisches) Simulationsmodell auf, wobei ihm vor allem an einem adäquaten Ersatz für den Verspätungskostensatz c gelegen ist. Das führt ihn zu folgender Konstruktion: Ist die Pufferzeit $\leq$ O, so geht COVERT in die isolierte SPT-Regel über; damit macht er sich für den Fall einer sicher zu erwartenden Verspätung die Eigenschaft von SPT zunutze, kurzfristig Engpaßsituationen abzubauen [3]. Ist die Pufferzeit > O, so ist ein 2. Kriterium heranzuziehen: Liegt die Pufferzeit oberhalb einer zu erwartenden Wartezeit (t_w^{erw}), dann wird der Auftrag mit niedrigster Priorität hinten eingeordnet; hält sich dagegen die positive Pufferzeit unterhalb t_w^{erw},

---

1) Carroll, D. C.: a. a. O.

2) Smith, W. E.: Various Optimizers for Single-Stage Production. Nav. Res. Log. Qu. 3/1956, S. 59 ff.
Carroll, D. C.: a. a. O., S. 2, 12.

3) Carroll, D. C.: a. a. O., S. 73.

so tritt ein Korrekturfaktor zu SPT in kraft, der deren Gewicht schmälert, und zwar umso mehr, je größer die Pufferzeit im Verhältnis zur erwarteten Wartezeit wird [1]. Damit ist zugleich eine Formulierung gefunden, die das Quantifizierungsproblem für c umgeht: je größer die Verspätungsgefahr, d.h. das Verhältnis von Pufferzeit zu erwarteter Wartezeit wird, umso dringlicher wird der betreffende Auftrag.

Weiterhin übernimmt Carroll von Gere [2] den "hold - off" - und "sneak-in" - Mechanismus und verbindet dieses Einflechtungsprinzip mit COVERT [3].

Die ausgiebige und fundierte Experimentserie von Carroll ergibt [4]:

1. COVERT - selbst eine Kombination aus Pufferzeit - und SPT-Regel - übertrifft die gängigen Basisregeln und selbst die auf die Anzahl der Arbeitsgänge bezogene Pufferzeit-Regel (S/OPN), besonders im Hinblick auf die mittlere Wartezeit.

2. Der Einflechtzusatz verringert die mittlere Verspätung der allein angewandten COVERT- Regel.

3. Diese Ergebnisse gelten unabhängig davon, ob Einzelteil- oder Montagefertigung vorliegt.

2.232 Der Ansatz von Trilling

Trilling [5] beschreibt 3 Regeln zur Montagefertigung, gibt

---

1) Carroll, D. C.: a. a. O., S. 77.

2) Gere, W. S.: a. a. O.

3) Carroll, D. C.: a. a. O., S. 82 ff.

4) Derselbe: S. 132, 136 und 140 f.

5) Trilling, D. R.: a. a. O.

aber keinen Bericht über damit durchgeführte Simulationen. Die 1. Regel wählt den frühesten der spätest möglichen Starttermine der Arbeitsgänge aus, d.h. derjenigen Starttermine, die gewählt werden müssen, damit bei ununterbrochener Restfertigung gerade keine Verspätung eintrifft; es liegt damit eine der S/OPN verwandte Ordnung vor. Als 2. Regel wird die Pufferzeitregel, schließlich als 3. Regel die Carroll'sche COVERT-Regel vorgeschlagen.

Insgesamt läßt sich der Ansatz von Trilling unter die Arbeit von Carroll subsumieren, zumal keine eigenen Ergebnisse nachgewiesen werden.

Beide beschriebenen Modelle arbeiten mit den für Montagerestriktionen typischen Baumstrukturen von Aufträgen. Dagegen sind die untersuchten Prioritätsregeln auf den für Einzelteilfertigung geeigneten und viel erprobten Strategien aufgebaut. Eine irgendwie synchronisierende Regel, die unmittelbar an dem Problem der Termininterdependenz ansetzt, wird in beiden Arbeiten nicht vorgeschlagen, obwohl die Logik der Synchronisation anerkannt wird als einer Ordnung, "which will allow one branch of the manufacturing tree to accelerate or slow down according to how the other branches are progressing" [1]. Carroll stellte eine Neutralität der Auftragsstruktur im Hinblick auf unterschiedliche Ergebnisse nicht synchronisierender Regeln fest [2]; demgegenüber erhebt sich die Frage, ob die Synchronisations-Konzeption einen Einfluß der Auftragsstruktur auf die Wirksamkeit solcher Regeln nachzuweisen vermag.

---

1) Trilling, D.R.: a. a. O., S. 65.

2) s. S. 45.

2.233 Der Ansatz von Maxwell

Synchronisation beinhaltet den Vergleich der Fertigungsstadien terminlich verbundener Teile, also z.B. den Vergleich des noch ausstehenden Bearbeitungsvolumens der Partnerteile. Diesen Weg schlägt Maxwell [1] vor. Unter seinen 18 Regeln haben 3 Synchronisationseigenschaften:

1. MAXRWD: Vorrang hat der Auftrag mit der kleinsten Differenz aus der maximalen Restfertigungszeit aller Partnerteile einer Montagegruppe und der Restfertigungszeit des vor der Maschine stehenden Teils;

2. MAXNRD: wie 1., aber statt der Restfertigungszeiten liegt jeweils die Anzahl der noch ausstehenden Arbeitsgänge zugrunde;

3. Den Regeln 1. und 2. ist gemeinsam, daß die Prioritätsregelauswahl entgegen der sonst üblichen "Real-time"-Eigenschaft sich nicht auf letzt mögliche Informationen stützt [2], sondern die Priorität wird schon bei Eintritt des Auftrags in die Warteschlange berechnet. Eine 3. Regel korrigiert diesen Mangel an Aktualität und nimmt im Augenblick des Freiwerdens der Maschine eine Neuberechnung vor, und zwar auf der Basis der 2. Regel (MAXNRD).

Anhand der Aufträge, die das Maxwell'sche Simulationsmodell unterstellt, seien MAXRWD und MAXNRD veranschaulicht. Unterschiedliche und unterschiedlich viele Teile werden in 1 gemeinsamen (End-) Montage zusammengebaut:

---

1) Maxwell, W.L.: a. a. O. - vgl. auch Conway, R.W./Maxwell, W.L/Miller, L.W.: a. a. O., S. 245 ff.

2) s. S. 39.

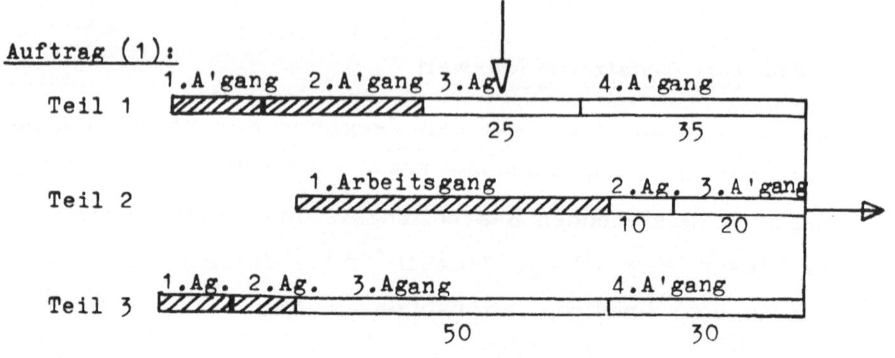

Abb. 1 : Auftragsstruktur bei Maxwell

Der 3. Arbeitsgang am 1. Teil des 1. Auftrags und der 3. Arbeitsgang am 2. Teil des 2. Auftrags mögen vor der gleichen Maschine zur Auswahl stehen. Nach

- MAXRWD errechnet sich eine Priorität

$$\text{für Auftrag (1) von } PR = \max_{i=1}^{3}(RFZ) - RFZ_{(Teil_1)}$$

$$= (50+30) - (25+35)$$

$$= 80 - 60 = 20$$

$$\text{für Auftrag (2) von } PR = 60 - 60 = 0$$

so daß Auftrag (2) Vorrang hat. Bei

- MAXNRD ergibt sich

$$\text{für Auftrag (1) : } = \max_{i=1}^{3}(\text{Rest-A'gänge})$$

$$- \text{Rest-A'gänge}_{(Teil_1)}$$

$$= (1+1) - (1+1) = 0$$

$$\text{für Auftrag (2) : } PR = (1+1) - 1 = 1,$$

so daß Auftrag (1) Vorrang hat

Ohne Zweifel ist eine Synchronisation auf der Basis der Restfertigungszeiten statt der restlichen Arbeitsgänge adäquater, da die Gewichtung mit der Bearbeitungszeit genauere Angaben erlaubt, so daß vor allem die 1. Regel (MAXRWD) beachtenswert erscheint; (allerdings hat Maxwell hierfür keine "Realtime" - Berechnung simuliert).

Die Ergebnisse der Simulation sind folgendermaßen zusammenzufassen:

1. Regel 3. (MAXNRD mit Neuberechnung) schneidet am besten ab, und zwar bzgl. der mittleren Durchlaufzeit nicht nur besser als SL oder S/OPN, sondern sogar besser als SPT, und bezüglich der Streuung der Auftragsverspätung zwar ungünstiger als auf der Grundlage der Pufferzeit beruhende Regeln, aber günstiger als SPT.

2. In Simulationsläufen mit größerer Anzahl von Teilen pro Auftrag fallen die Ergebnisse noch ausgeprägter aus, (mit Ausnahme allerdings des Laufs mit durchschnittlich 10 Teilen pro Auftrag).

Besonders aus 2. darf man schließen, daß die Synchronisation umso wirksamer ist, je höhere Anforderungen (allerdings unterhalb einer kritischen Grenze) das Montageproblem stellt. Dieses Ergebnis stützt die Plausibilität eines solchen Ansatzes.

Der Gliederung nach dem Kriterium der Synchronisation folgt auch Maxwell, wenn er zur Handhabung von Situationen unter Montagerestriktionen von Prioritätsregeln verlangt, daß die Partnerteile entweder "progress at the same rate by using information on the number of operations remaining" [1] oder

1) Maxwell, W. L.: a. a. O., S. 24.

durch Zuweisung von Sollterminen gefertigt werden. Es stellt sich nun die Frage, ob nicht beide Kennzeichen simultan in eine Prioritätsregel eingehen müssen, wenn der Modellfall von Aufträgen mit 1 - stufiger Montage verlassen wird. Denn in komplexen Strukturen, bei denen mehrere sukzessive Montagevorgänge und -stufen zu durchlaufen sind, müssen Termindaten in die Prioritätsregel einbezogen werden, damit die Teile einer Montagegruppe nicht nur möglichst gleichzeitig, sondern auch möglichst rechtzeitig fertig werden, weil sonst ein verspäteter Weitertransport der montierten Einheit zur Terminverknappung bei der Montage auf der nächst übergeordneten Stufe führt. Im folgenden Modell von Maxwell/Mehra ist die 1 - Stufigkeit der Montage aufgegeben.

2.234 Der Ansatz von Maxwell/Mehra

Maxwell/Mehra [1] arbeiten mit Aufträgen, die das folgende Aussehen haben:

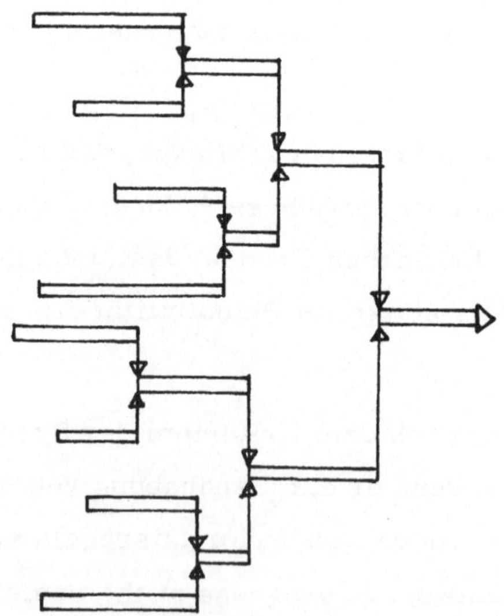

Abb. 2: Auftragsstruktur bei Maxwell/Mehra

1) Maxwell, W. L. /Mehra, M.: a. a. O.

Zwar unterstellt diese Struktur aufeinanderfolgende, übergeordnete Montagen und orientiert sich damit mehr an realitätsnahen Fällen als das vorige Modell, aber dafür werden 2 andere einschränkende Annahmen vorausgesetzt:

1. Nach jedem Arbeitsgang findet grundsätzlich eine Verknüpfung statt - nach Darstellung der Verfasser eine "simpelste Abstraktion" [1]. Allerdings läßt sich ein derartiger Aufbau für den Fall der reinen Montage, ohne vorausgehende Teilefertigung in der Praxis denken; dabei wären die Arbeitsgänge als reine Montagebearbeitung aufzufassen.

2. Gravierender ist die Annahme der "symmetric tree structures" der Aufträge: "for each operation, except a beginning operation, there are exactly the same number of immediate predecessor operations" [2]. Das bedeutet z. B., wie in der Abb. 2 dargestellt, daß jeweils 1 Arbeitsgang an 2 getrennten Teilen auszuführen ist, damit beide montiert werden können, bevor diese Einheit dann auf der nächsten Stufe bearbeitet werden kann, um mit einer weiteren parallelen Einheit verknüpft zu werden usw. Entsprechend kommen Aufträge mit jeweils einheitlich 3, 4 oder 5 Montageteilen vor [3].

Unter den 4 Prioritätsregeln, die selbst schon Kombinationen darstellen, seien eine der S/OPN ähnliche Regel sowie die Synchronisations-Komponente erwähnt. Analog zur Maxwell'

---

1) Maxwell, W. L. /Mehra, M.: a. a. O., S. 242.

2) Derselbe: ebd.

3) Die von Maxwell / Mehra diskutierten Eigenschaften der "Uniformität" und "Homogenität" können beide als notwendige, aber nicht hinreichende Bedingungen der Symmetrie dargestellt werden.

schen Konstruktion sucht diese letztere Regel nach der kleinsten Differenz aus der maximalen Bearbeitungszeit aller noch nicht begonnenen Arbeitsgänge einer Montagegruppe und der betreffenden Bearbeitungszeit. Wegen der obigen Annahme 1. muß konsequenterweise die Restfertigungszeit bei Maxwell, also die Summe an Bearbeitungszeit aller noch ausstehenden Arbeitsgänge des betreffenden Teils, durch die Bearbeitungszeit ersetzt werden; aus dem gleichen Grund sind nur die noch nicht begonnenen Operationen in die Prioritätsberechnung einzubeziehen, da die angefangenen ja kein Verspätungsrisiko in der Zukunft mehr erfahren können.

Als wichtigste Ergebnisse sind festzuhalten:

1. Unter den 4 Einzelregeln schneidet die S/OPN-ähnliche Kombination eindeutig am besten ab, während die Synchronisations-Strategie mit Abstand am schlechtesten arbeitet.

2. Einer Kombination aller 4 Regeln in einem bestimmten Gewichtungsverhältnis, (bei dem die Synchronisation mit einem Anteil von ca. 75 % vertreten ist), gelingt aber eine deutliche Verbesserung gegenüber S/OPN hinsichtlich aller untersuchten Zielformulierungen, und zwar wird die mittlere Durchlaufzeit um 11 %, die mittlere Terminüberschreitung um 28,4% und der Anteil der verspäteten Aufträge um 9 % herabgesetzt [1].

Diese Ergebnisse bekräftigen überzeugend die Vermutung, die an die Maxwell-Studie anknüpfte [2], daß nämlich unter den Bedingungen komplexer Auftragsstrukturen mit mehreren Montagestufen eine Synchronisation ohne ein auf Termine bezug-

---

1) Maxwell, W. L./Mehra, M.: a. a. O., S. 252.

2) s. S. 50.

nehmendes Merkmal versagt, aber mit einer derartigen Unterstützung hervorragend arbeitet. Zugleich kann aber der irreale Modellfall mit 1 - Operationen - Teilen und symmetrischem Aufbau nicht ganz befriedigen.

2.235 Weitere Ansätze

Auf ein Unternehmen der Serienfertigung in der optischen Industrie greift die Untersuchung von Berr/Papendieck [1] zurück. Beachtenswert ist ein Ansatz innerhalb der Reihenfolgeplanung, der die Montagerestriktionen berücksichtigt: Eine Art Stufenregel bevorzugt die Abfertigung eines Teiles, das auf der Endstufe in das Gesamterzeugnis eingeht, vor einem solchen auf der Anfangsstufe [2]; innerhalb einer gleichen Stufe kommen dann einfache Prioritätsregeln zum Zuge.

Die Stufenlolgik ist mit der Setzung von internen Montageterminen vergleichbar, einen Ersatz für den permanenten, synchronisierenden Vergleich kann sie aber nicht leisten. Vielleicht ist damit auch eine Erklärung für die Ergebnisse von Berr/Papendieck gegeben, daß nämlich die beste gegenüber der schlechtesten Prioritätsregel nur eine Reduzierung der Herstellkosten um 0,5 % erbringt.

Der Ansatz von Hauk [3] läßt eher zwischen den Zeilen erken-

---

1) Berr, U./Papendieck, A. J.: Produktionsreihenfolgen und Losgrößen der Serienfertigung in einem Werkstattmodell. wt 60/1970, S. 191 ff.

2) Berr, U./Papendieck, A. J.: a. a. O., S. 195.

3) Hauk, W.: Beitrag zur Lösung des Reihenfolgeproblems bei der Auftragsplanung. ZwF 67/1972, S. 45 ff.

nen, daß das Modell Netzstrukturen der Aufträge zuläßt [1]. Neuartig sind hier Prioritätsregeln, die an der geplanten Durchlaufzeit eines Auftrages ansetzen: In der Ordnung der Aufträge nach der kleinsten geplanten Durchlaufzeit, womit eine Ähnlichkeit mit der Termin- oder Pufferzeitregel, jedenfalls mit einer terminbezogenen Regel anklingt, erreicht die Simulation die besten Ergebnisse. Auch Hauk behandelt keine Regeln auf der Basis der Synchronisation.

2.24 Zusammenfassung und Kritik der Modelle der Literatur

Die Literaturansätze über Prioritätsregel-Simulationen unter Beachtung montagebedingter Verknüpfungen können folgendermaßen zusammengefaßt werden:

1. Die (weitaus häufigeren) Regeln der Nicht-Synchronisierung sind, besonders wenn sie an die Montagetermine anknüpfen, recht geeignet.

2. Die synchronisierenden Regeln auf der Basis des Vergleichs der Restfertigungszeiten, der Anzahl der noch ausstehenden Arbeitsgänge (oder auch im speziellen Modellfall: der Bearbeitungszeiten) leisten als Zusatz zu den günstigen elementaren, besonders terminbezogenen Regeln noch Verbesserungen.

3. Die Modellbedingungen derjenigen Studien, die eine Synchronisation einsetzen, sind wegen der abstrakten Auftragsstrukturen fragwürdig: Sowohl die 1-Montage-Aufträge (Maxwell) als auch die symmetrisch verknüpften Aufträge (Maxwell/ Mehra) mindern die Glaubwürdigkeit der Ergebnisse.

---

1) Hauk, W.: a. a. O., S. 45 f.

Über die Literaturansätze hinaus erscheint es nun weiterer Überlegungen wert, ob für eine Synchronisation auch eine andere Basis als die der Restfertigungszeit oder der restlichen Arbeitsgänge geboten sein kann. Dazu leistet diese Arbeit einen Beitrag [1).

Weiterhin fallen bei den Auftragsstrukturen - außer ihrem Modellcharakter - ihr willkürlicher, zufälliger Einzelfertigungstypus als praxisfremd ins Gewicht. In der betrieblichen Wirklichkeit wird man häufiger mit Erscheinungsformen der Gleichartigkeit in Teilbereichen konfrontiert [2)], so daß eine realitätsnähere Auftragsstruktur durch Überlagerung von Elementen der Individualität und der Wiederholung, von Einzel- und Serienfertigungs - Charakter geprägt ist. Ein derartiger Mischtyp [3)] verlangt vielleicht andere Reihenfolgestrategien als eine extreme Einzelfertigung, wenn man etwa an die Unterschiede in der Auswirkung von Terminverspätungen denkt [4)]. Im folgenden sollen daher zunächst an der Realität erarbeitete Auftragsstrukturen analysiert werden; dies geschieht am Beispiel des Werkzeugmaschinenbaus. Anschließend wird nach der Wirksamkeit der Synchronisation unter derart realistischen Bedingungen gefragt.

---

1) s. Abschnitt 4.32.

2) vgl. Ellinger, Th. :Industrielle Wechselproduktion. In: RKW (Hrsg.) : Produktivität und Rationalisierung. Chancen, Wege, Forderungen. Frankfurt 1971, S. 199.

3) vgl. Riebel, P. : Typen der Markt- und Kundenproduktion in produktions- und absatzwirtschaftlicher Sicht. ZfbF 17/ 1965, S. 670 f.

4) Hoch, P. : Betriebswirtschaftliche . . . , a. a. O., S. 243.

3. Auftragsstrukturen im Werkzeugmaschinenbau

3.1 Das Unternehmen zwischen Einzel- und Serienfertigung

Der Idealtyp der reinen Einzelfertigung ist eine praktische Seltenheit und läßt sich allenfalls annähernd etwa im Anlagenbau [1] nachweisen.

Je nach dem Anteil der einzelnen oder in kleinen Losen gefertigten Teile der Produkte kann die "typische" Einzelfertigung ein stark unterschiedliches Gesicht haben:

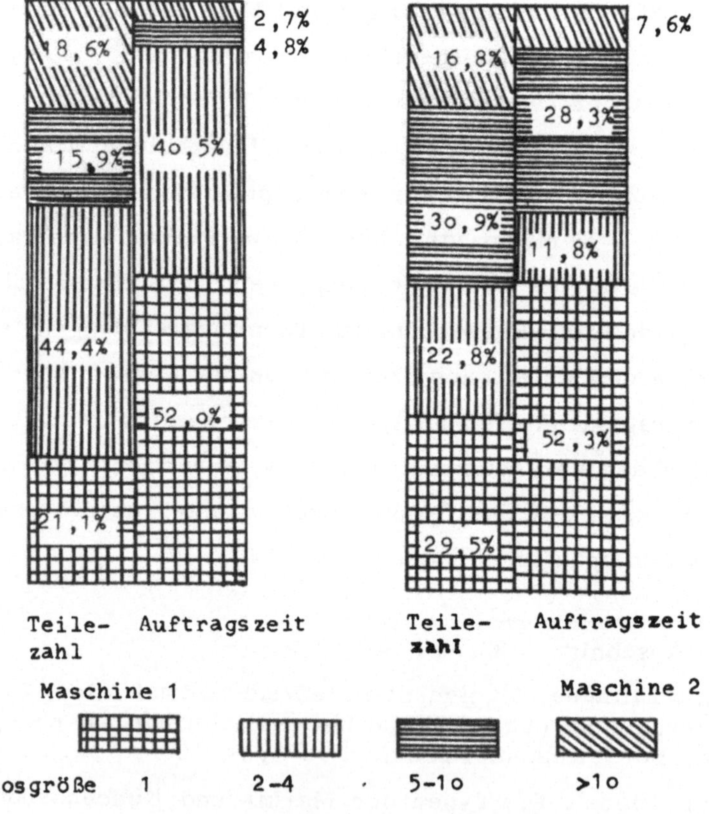

Abb. 3: Anteile verschiedener Losgrößen an der Teilezahl und an der Auftragszeit [2]

---

1) VDI, Fachgruppe Betriebstechnik: Elektronische Datenverarbeitung, a. a. O., (T 10), S. 41.

2) Ellinger, Th.: Betriebswirtschaftliche Probleme...,a. a. O.

In einer Untersuchung wurden 2 Produkte herausgefunden, deren einzeln gefertigte Teile zwar den gleichen Anteil an der Gesamtauftragszeit beanspruchen, aber deren in kleinen Losgrößen gefertigte Teile stark unterschiedliche Zeitanteile erbringen (s. Abb. 3) [1].

Auch der Begriff "Wechselproduktion" will klarstellen, daß ein breites Programm von Serienerzeugnissen zur Einzelfertigung rechnen kann, wenn nämlich sehr verschiedenartige Erzeugnisse in der Fertigung einander ablösen [2].

Ellinger [3] geht einen praxisorientierten Weg, um das Phänomen Einzelfertigung zu beschreiben, wenn er den beobachteten Fertigungstyp durch das Kriterium des "Unterbrechungsgrades" kennzeichnet: auf diese Weise kann er von "einmaliger" und "wiederholter" Einzelfertigung sprechen [4]. Diese Unterscheidung trägt der Verschiedenartigkeit des Erwartungshorizontes Rechnung : So wird der Produktionsplaner in der Zukunft keine ähnlichen Aufträge bei der einmaligen Einzelfertigung, wohl aber bei der wiederholten Einzelfertigung erwarten.

---

1) Ellinger, Th. : Betriebswirtschaftliche Probleme der Einzelfertigung im Maschinenbau. Vortrag VDMA-Tagung Wiesbaden 1963. Frankfurt 1963, S. 4 f.

2) Derselbe a. a. O., S. 5.

3) Derselbe: Industrielle Wechselproduktion . . . , a. a. O., S. 198.

4) Derselbe: Industrielle Einzelfertigung und Vorbereitungsgrad. ZfhF N.F. 15/1963, S. 496.

Die Anknüpfung an Bekanntes in der Vergangenheit und die Erwartung von Ähnlichem in der Zukunft gibt das elementare Streben wieder, das Gesetz der Massenproduktion, wenn auch beschränkt und verändert, wirksam werden zu lassen [1]. "Durch Sammeln und Schaffen gleicher Elemente wird auch in der Einzelfertigung der Aufbau eines Vorbereitungsgrades möglich, der eine große Zahl von Abläufen ausstrahlt" [2].

Dieser Tendenz zur Vereinheitlichung aus Gründen der Stückkostendegression widersetzt sich allerdings das Produkt [3]: Die Individualität eines Produktes, die zur Einzelfertigung drängt, kann verschieden begründet sein. Etwa die Forderung nach Qualität und Präzision des Produktes kann Vereinheitlichungstendenzen ausschließen: so muß z.B. der Hersteller einer Produktionsfräsmaschine, die später beim Kunden zur komplizierten Fertigung von Kurbelwellen und Turbinenschaufeln eingesetzt werden soll, eventuell auf die Verwendung von ähnlichen, bereits vorhandenen Teilen verzichten, um eine individuelle Genauigkeit zu erreichen. Weiterhin kann die bedeutendere Marktstellung des Kunden seinen individuellen Wünschen das größere Gewicht geben [4]. Beharrungskräfte der Individualität werden mitunter durch die Meinung des Her-

---

1) Ellinger, Th.: a. a. O., S. 496.

2) Derselbe: a. a. O., S. 497.

3) Derselbe: a. a. O., S. 493.

4) vgl. Friedewald, H. -J.: Integrierte Rationalisierung in der industriellen Fertigung durch Anwendung von Normen. ZwF 65/1970, S. 18.

stellers unterstützt, die eigene Angebotsvielfalt sei wegen des Produktionsprogrammes des Konkurrenten oder aus Gründen der Resistenz gegenüber Konjunkturschwankungen geboten [1]. Gleichfalls verstärkt die Zuschlagskalkulation, die keine Rücksicht auf eine typengerechte Aufschlüsselung der Gemeinkosten nimmt, die Tendenz zum extravaganten Kundenwunsch; ungängige Typen und Sonderwünsche müßten kostenrechnerisch überdurchschnittlich belastet werden [2].

Zusammenfassend kann also von "gegensätzlichen Auffassungen im Betrieb und Vertrieb" [3] gesprochen werden, d. h. es läßt sich feststellen, daß der Betrieb zum Aufsuchen von Gleichartigkeiten, also zum Seriencharakter der Fertigung neigt, das Produkt dagegen zur Kundenorientierung, also zum Einzelfertigungscharakter. Allgemein und branchenunabhängig wird tendenziell eine Mischform von Einzel- und Seriencharakter resultieren, die je nach Branche und konkreter Situation mehr der einen oder anderen Seite nahekommt. Um die Auftragsstruktur im Fall des Werkzeugmaschinenbaus zu

---

1) RKW, Ausschuß Typenbeschränkung (Hrsg.): Typenvielfalt - Vorteil für den Betrieb ? Berlin 1960, S. 22.

2) Kohlitz, A. : Programmbereinigung - eine unternehmerische Aufgabe im europäischen Markt. In: RKW, Ausschuß Typenbeschränkung (Hrsg.) : Typenbeschränkung - was Fachleute dazu sagen. Berlin 1960, S. 12 ff.

3) May, W.: Überwindung der Widerstände gegen Typenbeschränkung und Vereinheitlichung als unternehmerische Aufgabe. In: Arbeitsgemeinschaft für Rationalisierung des Landes Nordrhein-Westfalen (Hrsg.) : Die Vereinheitlichung als Aufgabe der Rationalisierung. Heft 56. Dortmund 1962, S. 21.

durchdringen, soll von folgenden Überlegungen ausgegangen werden:

1) Konsequenzen von Rationalisierungsbestrebungen für die Grundgestalt des Produktes.

2) Die Aufteilung des Endprodukts in eine Standardstruktur und eine Sonderausstattung.

3) Zusammenhänge zwischen der Einzel - / Serienfertigung und der Fertigung auf Kundenbestellung / auf Lager, d.h. der Zusammenhang zwischen der Fertigungsart und der Auftragsart.

3.11 Vereinheitlichungsbestrebungen

3.111 Die Normung

Die Rationalisierungsbestrebungen können nach Ellinger [1] an 2 Bereichen ansetzen: an der Produktgestaltung und an den Produktionsverfahren; im ersten Fall wird versucht, "den Einwirkungsbereich des Vorbereitungsgrades durch gleichartige Abläufe" zu erhöhen, im zweiten Fall, den Vorbereitungsgrad besser an die gestellten Aufgaben [2] anzupassen, d. h. Verfahren mit "impulsarmer Anpassung" zu finden [3]. Diese Zweiteilung deckt sich mit der Unterscheidung von Beste [4] in Ra-

---

1) Ellinger, Th.: Industrielle Einzelfertigung . . ., a. a. O., S. 487.

2) Derselbe: a. a. O., S. 487.

3) Derselbe: Industrielle Wechselproduktion, a. a. O., S. 200.

4) Beste, Th.: Rationalisierung durch Vereinheitlichung. In: Beste, Th.: Die Mehrkosten bei der Herstellung ungängiger Erzeugnisse im Vergleich zur Herstellung vereinheitlichter Erzeugnisse. Köln, Opladen 1957, S. 9.

tionalisierungsbemühungen am Produkt und am Produktionsprozeß.

Das Interesse dieser Arbeit richtet sich auf die Vereinheitlichungsbestrebungen am Produkt, weil die Blickrichtung auf die Zusammenhänge von Rationalisierung und Auftragsstruktur zielt; die Verfahrensrationalisierung bleibt demnach ausgeschlossen.

Grundlage der Standardisierung des Produkts ist die Normung. "Normung ist der Prozeß der Formulierung eines Normals für ein bestimmtes Produkt und/oder eine Reihe von Produkten sowie die praktische Anwendung dieses Normals" [1]. Mit dieser Definition sind 2 Determinanten beschrieben: neben der Vereinheitlichung vor allem die Autorität dieses Standards.

Die Verbreitung der Norm, also ihr zweiter Begriffsinhalt, spielt bei der überbetrieblichen Normung, z.B. den DIN-Normen eine Rolle. Da hier das grundsätzliche Phänomen der Zusammenfassung Beachtung finden soll, ist die besondere Problemstellung der überbetrieblichen Normung irrelevant. Dazu sei verwiesen auf Opitz [2] u.a. [3].

---

1) Curtis, E.J.: Die Normung in der Werkzeugmaschinenindustrie. ZwF 63/1968, S. 162.

2) Opitz, H.: Normung und Typisierung im Werkzeugmaschinenbau. In: Arbeitsgemeinschaft für Rationalisierung des Landes Nordrhein-Westfalen (Hrsg.): Vereinheitlichung im Werkzeugmaschinenbau, Heft 33. Dortmund 1958, S. 9 ff.

3) vgl. Dhen, K.: Produktivitätssteigerung durch Normung und technische Organisation. Mainz 1965, S. 16 ff.
Gutenberg, E.: a. a. O., S. 127 ff.
Krappen, D.: Normung bei Einzelfertigung. Diplomarbeit Universität zu Köln 1972.

Bei Abstrahierung vom Kennzeichen der Verbreitung der Norm kann die Normung allgemein als die "stets gleiche Lösung einer sich wiederholenden Aufgabe "[1] bezeichnet werden. Ein Normteil trägt also den Charakter eines Wiederholteils, d. h. eines Teils, das entweder im gleichen Produkt oder in anderen Produkten noch einmal oder mehrfach auftritt[2].

Im Werkzeugmaschinenbau sind es besonders Drehteile wie Wellen, Bolzen, Scheiben, Räder, Ringe oder Büchsen, die der Vereinheitlichung und der wiederholbaren Verwendung zugänglich sind[3]. Ein praktisches Beispiel wird von Fehse[4] wie folgt gegeben: Ein Werkzeugmaschinenhersteller bietet die Grundmaschine eines Mehrspindeldrehautomaten in 4 Bauarten an, diese jeweils in 1 - 3 verschiedenen Größenvarianten unterteilt, so daß daraus insgesamt 8 Größen resultieren[5]. Diese werden in Losgrößen von 5 - 10 Stück aufgelegt. Aus

---

1) Hessenbruch, H.-G.: Gemeinschaftsmaßnahmen innerhalb der Branchen zur Erzielung eines wirtschaftlichen Fertigungs- und Vertriebsprogramms. In: RKW, Ausschuß Typenbeschränkung (Hrsg.): Typenbeschränkung . . ., a. a. O., S. 11.

2) Dehn, K.: Erhöhung der Wirtschaftlichkeit durch Verwendung von Wiederholteilen, DIN-Mitteilungen 37/1958, S. 312.

3) Fehse, W.: Normung und Sortenminderung als Voraussetzung für wirtschaftliche Stückzahlen im Werkzeugmaschinenbau. In: Arbeitsgemeinschaft für Rationalisierung des Landes Nordrhein-Westfalen (Hrsg.): a. a. O., Heft 56, S. 38.

4) Derselbe: a. a. O., S. 44 ff.

5) s. Tabelle 1.

der Tabelle 1 geht hervor, daß der Anteil der neuen Teile an

Bauarten mit den jeweiligen Größenvarianten	PRB		PRB		PRB	PRCF		
	5o/6	66/4	32/6	5o/4	32/8	16o/6	2oo/4	13o/8
Anzahl d. Positionen	628= 1oo%	612= 1oo%	616= 1oo%	6oo= 1oo%	634= 1oo%	615= 1oo%	614= 1oo%	613= 1oo%
bereits vorhandene Teile	34= 5%	53o= 87%	178= 29%	545= 91%	549= 87%	321= 52%	557= 91%	571= 93%
neue Teile	594= 95%	82= 13%	438= 71%	55= 9%	85= 13%	294= 48%	57= 9%	42= 7%

Tab. 1: Verwendung gleicher Teile für Mehrspindeldrehautomaten [1)]

der Gesamtzahl der Positionen von Typ zu Typ abnimmt, und sogar ganz beträchtlich jeweils unter den Varianten eines Typs zurückgeht. So finden sich unter den 615 + 614 + 613 = 1.842 Teilen der 3 Größen der Typenreihe PRCF nur insgesamt 294 + 57 + 42 = 393 Teile, die in keinem anderen Typ auftreten; das entspricht einem Anteil von 21% neuer Teile [2)], oder anders: in dieser Typreihe werden im Durchschnitt 79 % aller Teile als Wiederholteile verwandt.

1) Fehse, W.: a. a. O., S. 45.

2) Fehse, W.: a. a. O., S. 46 f.

Es muß wenigstens erwähnt werden, daß die Praxis einer solch ausgeprägten Wiederholteile-Systematik ein konsequent erarbeitetes Nummernsystem der Teile voraussetzt [1], auf dessen Problematik aber hier nicht weiter eingegangen werden soll.

In dem Bestreben, aus ähnlichen Teilen gleiche und wiederholt einsetzbare Teile zu schaffen, nimmt man allerdings auch einen eventuellen Nachteil in Kauf: man hat sich bei der Festlegung der Norm an der Dimension der am stärksten beanspruchten Verwendungsweise zu orientieren, so daß für schwächere Beanspruchungen eine Überdimensionierung unvermeidbar wird [2].

Wenn die Normung im Sinne einer Wiederholteile-Verwendung nicht durchführbar erscheint, sollte wenigstens eine Zusammenfassung ablaufähnlicher Teile angestrebt werden [3]. Diese Teilefamilienfertigung, eine Fertigung von Sammelaufträgen [4], beinhaltet eine "Zusammenfassung von technologisch ähnlichen Teilen etwa gleicher Größenordnung zu Additiv-oder Scheinserien, wobei unterschiedliche Grade der Verwandtschaft möglich sind" [5]; da im Werkzeugmaschinenbau weiter-

---

1) vgl. Fehse, W.: a. a. O., S. 44 ff.

2) Ellinger, Th.: Industrielle Einzelfertigung. . . , a. a. O., S. 489 f.

3) Ellinger, Th.: a. a. O., S. 488 f.

4) Derselbe: Industrielle Wechselproduktion . . . , a. a. O., S. 199 f.

5) Eversheim, W.: Beitrag zur Fertigungsplanung und -steuerung in der Kleinserien- und Einzelfertigung unter besonderer Berücksichtigung der Teilefamilienfertigung. Diss. Aachen 1965, S. 79.

gehende Vereinheitlichungen nachgewiesen wurden und werden, soll auf die Teilefamilienfertigung nicht weiter eingegangen werden. [1]

3.112 Das Baukastensystem

Erstrebt man eine höher entwickelte Vereinheitlichung als die Wiederholteile-Verwendung, so kann man an der Kombination der Bauteile zum ganzen Erzeugnis ansetzen. Das Ergebnis einer solchen Höchststufe der Rationalisierung stellt das Baukastensystem dar, das - analog dem Spielzeugbaukasten [2] - aus einer geringen Zahl von Bauelementen eine Vielzahl von Möglichkeiten des Zusammenbaus erlaubt. Somit setzt das Baukastensystem zweierlei [3] voraus:

1) vereinheitlichte Bauteile und
2) eine einheitliche Gesamtkonzeption der kombinierbaren Erzeugnisse.

Ein konsequent geplanter Baukasten beinhaltet einheitliche Fügflächen bzw. -stellen und Anschlußmaße der Teile, um Austauschbarkeit, d.h. beliebige Verwendung der Teile in allen denkbaren Kombinationsmöglichkeiten sicherzustellen [4]; wenn Einschränkungen bezüglich der Kompatibilität der Teile und Gruppen untereinander bestehen, wird das strenge Baukastensystem verlassen. Dies zeigt auch, wie wesentlich tie-

---

1) vgl. Dickhut, E.O.: a. a. O., S. 46 ff.
Eversheim, W.: a. a. O., S. 79 ff.

2) Biegert, H.: Die Baukastenweise als technisches und wirtschaftliches Gestaltungsprinzip. Diss. Karlsruhe 1971, S. 1.

3) Derselbe: a. a. O., S. 12.
Borowski, K.-H.: Das Baukastensystem in der Technik. Berlin, Göttingen, Heidelberg 1961, S. 16 f.

4) Biegert, H.: a. a. O., S. 16.
Opitz, H.: Normung und Typisierung ..., a.a.O., S. 15.

fer die Vereinheitlichung zu einem uneingeschränkten Baukastensystem als zu dessen Spezialfall, der Wiederholteile-Verwendung, reicht, die ihrerseits schon einen beträchtlichen Normungsaufwand voraussetzt.

Im praktischen Werkzeugmaschinenbau kann allerdings nicht von Fertigung in Baukastenweise die Rede sein, allenfalls von dem "Bestreben . . . , möglichst gleiche Teile zu verwenden bzw. formähnliche Teile nach dem Baukastensystem zu entwickeln . . ." [1]; so ist z. B. von den RENAULT-Werken bekannt, daß sie ein eigenes Baukastensystem der Werkzeugmaschinen für ihre Teilefertigung entwickelt haben, in dessen Rahmen sie z. B. mit 3 Spindeleinheiten auskommen [2].

Ein wichtiges Ergebnis der innerbetrieblichen Normungsarbeit mit der Konsequenz der Wiederholteile - Verwendung und vor allem der Verwirklichung von Baukastensystemen ist in der Reduzierung der Bauarten oder Typen zu sehen. Zugleich erlaubt aber die Vereinheitlichung eine ausgeprägte Produktdifferenzierung, weil aus wenigen Grundelementen viele "artverwandte Erzeugnisse" [3] ableitbar sind. Rationalisierung am Produkt tendiert also zu mehr Varianten statt vieler Typen. Der global mit "Typung" bezeichnete Prozeß der "Rückführung der Fülle von Ausführungsformen von Fer-

---

1) Fehse, W.: a. a. O., S. 37.

2) Opitz, H.: Normung und Typisierung. . . , a. a. O., S. 25.

3) Biegert, H.: a. a. O., S. 49 f.

tigprodukten auf einige wenige" [1] meint diese Typenreduzierung; da die hier verfolgte Behandlung der Vereinheitlichung analytisch auf der Einzelteil-Ebene ansetzt und aufbaut, wird auf den Begriff "Typung" nicht weiter eingegangen. Vollständigkeitshalber soll hier noch die "Typnormung" erwähnt werden, die die Größenstufung der Varianten einer Bauart strafft. [2]; sie kann nur zusätzlich zu einer elementaren Vereinheitlichung sinnvoll sein und bleibt hier unberücksichtigt.

3.12 Vertikale Mischform von Kunden- und Marktproduktion

Weil nun die Möglichkeit der Typenreduzierung und gleichzeitigen Variantenvielfalt in der Praxis des Werkzeugmaschinenbaus auf Grund der begrenzt ausgeprägten Rationalisierungsbestrebungen eingeschränkt sind, ist nach anderen Wegen zur Serienartigkeit hin zu suchen.

Neben den Bemühungen um eine tendenzielle Vereinheitlichung liegt eine Aufteilung des Enderzeugnisses in eine Grundausführung und eine Sonderausstattung nahe: "Auch bei Erzeugnissen der Einzelfertigung, bei denen vielfältige Kundenwünsche zu berücksichtigen sind, ist es in vielen Fällen möglich, von einheitlichen Grundtypen auszugehen, deren Bestückung mit den verschiedenen Einrichtungen erfolgen kann" [3]. Auf diese Weise gelingt nicht nur eine Reduktion der Typen, sondern auch eine solche der Varianten, allerdings nur in Bezug

---

1) Gutenberg, E.: a. a. O., S. 128.

2) s. Friedewald, H.-J.: a. a. O., S. 19.

3) Dhen, K.: a. a. O., S. 82
s. VDMA (Hrsg.): Handbuch der deutschen Maschinen-Industrie. Darmstadt 1971, S. 5.

auf die Grundgestalt des Erzeugnisses [1]. Zugleich ergibt diese Konzeption, daß das Gesamtprodukt Einzelfertigungscharakter hat; das entspricht der praktischen Gegebenheit des Werkzeugmaschinenbaus, daß jede an den Kunden ausgelieferte Maschine in der endgültigen Form nahezu einmalig ist. Aber die Einzelfertigung wird auf die Endphase der Fertigung verdrängt, während Rationalisierung und Serienartigkeit in den Anfangsphasen dominieren. Eine Untersuchung über die Rationalisierung im Werkzeugmaschinenbau [2] ordnet dieser Synthese von Zusammenfassung und Differenzierung die 2. Stufe von 3 möglichen Variationsgraden zu und besagt damit, daß bei ausgeprägter Angleichungsarbeit dennoch eine relativ starke Verschiedenheit des Produktes möglich ist. Es kommt also darauf an, ob es gelingt, "Sonderanfertigungen einzelner Teile . . . auf ein geringes Maß zu beschränken und den Prozeß des Zusammenfügens so zu gestalten, daß . . . möglichst späte Arbeitsgänge der Endmontage von der Individualität der Kundenaufträge betroffen werden" [3].

Bei den Gegebenheiten der Praxis des Werkzeugmaschinenbaus ist bei dem kundenneutralen Grunderzeugnis z. B. an einen Mehrspindeldrehautomaten zu denken, der mit seinen Hauptgruppen Bett, Spindelstock und Schlittenblock vormontiert ist, oder an eine Bohrmaschine, die ebenfalls bis zur Grundmontage von Ständer und Tisch gelangt ist. Dagegen um-

---

1) Biedermann, H.-J.: Ein Beitrag zur optimierenden Fabrikplanung in Betrieben mit vorwiegender Kleinserien - und Einzelfertigung. Diss. ETH Zürich 1967, S. 27.

2) Zacher, G.: Der Einfluß der Rationalisierung der Fertigungsverfahren auf die Werkzeugmaschinen herstellende Unternehmung. Frankfurt 1965, S. 94.

3) Riebel, P.: Typen der Markt- und Kundenproduktion in produktions-und absatzwirtschaftlicher Sicht. ZfbF 17/1965, S. 680. vgl. auch Ellinger, Th.: Betriebswirtschaftliche Probleme . . ., a. a. O., S. 4.

faßt die kundenspezifische Endausstattung die Art der Steuerung, der Hydraulik, die elektronische Ausrüstung und verschiedenste Anbauteile.
Als Ergebnis der Bemühungen um Rationalisierung und um Verlagerung der Individualität der Aufträge auf die Endstufen der Fertigung läßt sich festhalten:

1. Weil wenige Grundvarianten des Erzeugnisses genügen, werden diese jeweils in kleinen Losen aufgelegt.

2. Außerdem fallen in den wenigen Grundvarianten Wiederholteile an, deren Fertigung in großen Stückzahlen berechtigt erscheint. Hier ist etwa der Fall bekannt, daß die Losgrößen ihren Bedarf für 1 Jahr decken sollen [1]. Zu dieser Gruppe gehören auch die Kleinteile, die permanent auf Lager gehalten werden [2].

3. Die Teile der Endausstattung werden einzeln hergestellt.
Wenn allerdings in der Praxis die Aufteilung in Grund- und Sonderausstattung nicht so eindeutig zu ziehen ist und die Endmontage-Teile in die tendenzielle Vereinheitlichung einbezogen sind, werden auch hier kleine Losgrößen realitätsnah.
In diesem Zusammenhang ist nun das Verhältnis von Fertigungsart und Auftragsart anzuschneiden.

3.13 Das Verhältnis von Fertigungsart zu Auftragsart

Mit dem Begriff Auftragsart wird an das Kriterium, ob der Werkstattauftrag durch eine Kundenbestellung ausgelöst wird oder nicht, angeknüpft. Danach ist in Kunden- und Lageraufträgen zu unterscheiden. Synonyme Begriffspaare sprechen von Kunden-, Auftrags- oder Bestellproduktion einerseits und

---

1) Fehse, W.: a. a. O., S. 58 f.

2) IBM (Hrsg.): IBM System / 360 Modell 20. Kapazitätsbelegungs- und Terminierungs- System CLASS 20. o. O. 1968, IBM-Form 80 521 - 0.

Markt-, Lager- oder Vorratsproduktion andererseits [1]. Dem Extrem der Fertigungsart Einzelfertigung ist die Auftragsart Kundenauftrag zuzuordnen, denn jeder Auftrag stellt eine Sonderanfertigung, die durch die Kundenbestellung spezifiziert wird, dar. Entsprechend bedingt die Serienfertigung Lageraufträge.

Auf Grund der obigen Ausführungen erscheint es im Werkzeugmaschinenbau plausibel, daß die Grundvarianten der Maschine in kleinen Losen als Werkstattaufträge aufgelegt und auf Lager gehalten werden. Praktisch ist an Stückzahlen von 10 zu denken. Dagegen werden die Sonderausrüstungs-Teile als Kundenaufträge gefertigt und zur kundenwunschspezifischen Endmaschine montiert. So unterscheidet der praktische Werkzeugmaschinenbau in der Fertigung eine "Serienauftrags-Nummer" und eine "Kundenauftrags-Nummer". Die noch nicht funktionsfähigen Grunderzeugnisse werden auf Vorrat gefertigt und gelagert; erst der Eingang einer Kundenbestellung löst den Zusammenbau von Grunderzeugnis und Ausrüstungsteilen aus [2]. Riebel spricht von einer "vertikalen Mischform" von Kunden- und Marktproduktion, die vorliegt, "wenn in einem Teil der aufeinanderfolgenden Phasen des Fertigungsablaufs auf Grund von Erwartungen produziert wird. Das ist in vielen Fällen möglich, weil die Individualität der Kundenwünsche nicht das Erzeugnis "von Grund auf", sondern nur Teile davon oder die Wirkung ganz bestimmter Arbeitsgänge, insbesondere solcher, die am Ende des Produktionsprozesses liegen oder gelegt werden können, betrifft [3].

---

1) Riebel, P.: a. a. O., S. 666 f.
Gutenberg, E.: a. a. O., S. 164,

2) Dhen, K.: Produktivitätssteigerung ..., a. a. O., S. 95.

3) Riebel, P.: a. a. O., S. 678.

3.2 Klassifizierung von Unternehmen mit gemischter auftrags- und lagergebundener Produktion

Nach einer Untersuchung über Auftragsstrukturen in Unternehmen des Maschinenbaus[1] können 2 Hauptgruppen von Herstellern beobachtet werden:

1. Hersteller von "Standarderzeugnissen mit Standardvarianten" und

2. Hersteller von "Standarderzeugnissen mit Varianten nach Kundenspezifikation" (s. Abb. 4)[2]:

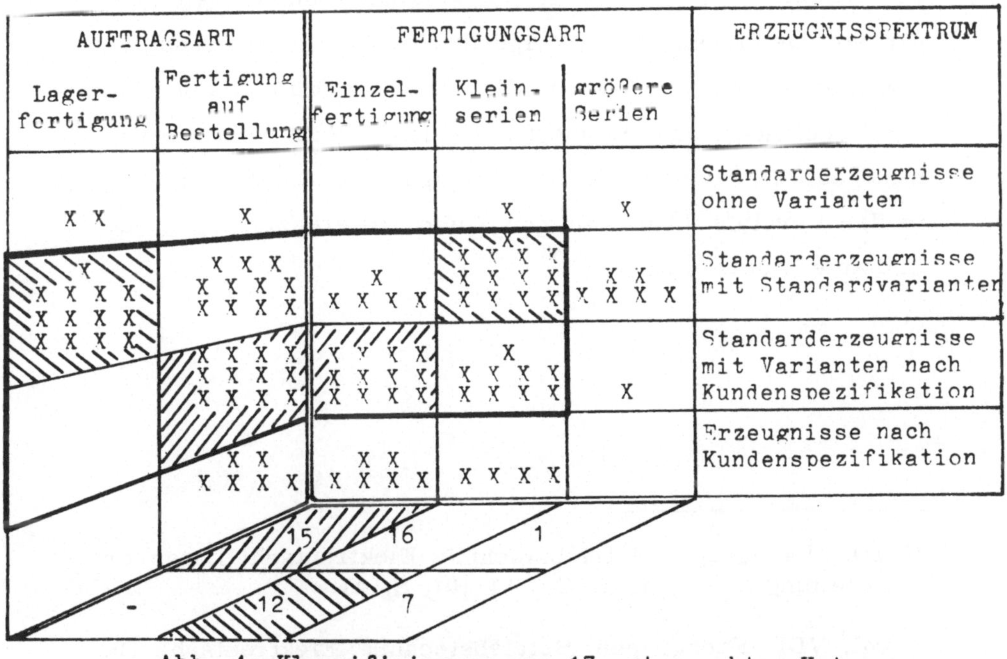

AUFTRAGSART		FERTIGUNGSART			ERZEUGNISSPEKTRUM
Lagerfertigung	Fertigung auf Bestellung	Einzelfertigung	Kleinserien	größere Serien	
X X	X		X	X	Standarderzeugnisse ohne Varianten
X X X X X X X X X X X X X	X X X X X X X X X X X	X X X X X	X X X X X X X X X X X X	X X X X X X	Standarderzeugnisse mit Standardvarianten
	X X X X X X X X X X X X	X X X X X X X X X X X X	X X X X X X X X X	X	Standarderzeugnisse mit Varianten nach Kundenspezifikation
	X X X X X X	X X X X X X	X X X X		Erzeugnisse nach Kundenspezifikation

15 16 1

\- 12 7

Abb. 4: Klassifizierung von 17 untersuchten Unternehmen nach Auftragsart und Fertigungsart und deren Häufigkeit des Auftretens in den einzelnen Klassen; (nicht eindeutig zuordnungsfähige Unternehmen erscheinen mehrfach).

1) Dinius, G. /Schacht, N.: Betriebserfahrungen mit elektronischer Datenverarbeitung für Planung und Steuerung der Fertigung. Berlin 1972, S. 29 f.

2) vgl. Derselbe: a. a. O., S. 30.

Im ersten Fall werden die Erzeugnisse in vorwiegend (Klein-) Serien aufgelegt, die Lieferung an den Kunden erfolgt vom Lager; im zweiten Fall werden die Erzeugnisse in Einzelfertigung auf Kundenbestellung hin in Auftrag gegeben. Ähnliche Pole kristallisieren eine Studie über den Maschinenbau allgemein heraus, wenn sie von Betrieben mit "lagergebundener Produktion" und solchen mit "auftragsgebundener Produktion" spricht [1]. Zwischen diesen Polen liegt die große Zahl der Unternehmen mit gemischter Einzel- und Serienfertigung [2].

So verbindet diese Arbeit die Hauptelemente der beiden Gruppen von Betrieben in der folgenden Weise: die Fertigung von "katalogmäßigen" [3] Standard-Varianten in kleinen Losen bis zur Vormontage und die anschließende Sonderausstattung nach Kundenspezifikation in der Endmontage: d. h. "Standardisierung in der Vorstufe (Teilefertigung) und Differenzierung in der Endstufe (Zusammenbau)" [4].

---

1) VDI, Fachgruppe Betriebstechnik: Elektronische Datenverarbeitung . . . , a. a. O., (T 10), S. 41.

2) vgl. VDI, Fachgruppe Betriebstechnik: Elektronische Datenverarbeitung . . . , a. a. O., (T 10), S. 42.

3) Dinius, D./Schacht, N.: a. a. O., S. 70.

4) Kohlitz, A.: Programmbereinigung . . . , a. a. O., S. 26.

Die Praxis der Betriebe kennt nun verschiedene Variationen dieser modellhaften Auftragsstruktur, die sich mehr oder weniger ausgeprägt entweder zur Einzelfertigung oder zur Serienfertigung polarisieren.

Auf der einen Seite lokalisieren sich also Betriebe, deren Produkte sich zwar auch als Standardvarianten erkennen lassen; aber diese werden nicht als vormontierte Grundmaschine auf dem Lager gehalten, allenfalls lagern einige Baugruppen montiert, z. B. Bohrköpfe. Oder es ist der Betrieb denkbar, in dem die großen Hauptgruppen für sich montiert auf Lager gelegt werden, z. B. Maschinengestelle, Spindeleinheiten, usw.

Auf der anderen Seite ist an eine weitergehende Baukasten-Systematik zu denken: Bohr-, Fräs-, und Sägeeinheiten können einer Grundmaschine wahlweise zugeordnet werden[1] oder können zusätzlich beliebig mit verschiedenen Aufspanntischen kombiniert werden[2]. In der gleichen Richtung liegen Betriebe, in denen das Spektrum an Kundenwünschen eingeschränkt ist, so daß auch die in die Endmontage eingehenden Teile lagerhaltig gefertigt werden. Schließlich kann die Vereinheitlichung so weit gehen, daß ganze Baugruppen unverändert in Erzeugnissen einer anderen Typreihe übernommen werden.

Das Modell dieser Arbeit gründet sich auf durchschnittliche Verhältnisse der Fertigung im Werkzeugmaschinenbau. Es

---

1) Wiendahl, H.-P.: Funktionsbetrachtungen technischer Gebilde. Diss. Aachen 1970, S. 117.

2) s. Abb. 5 und 6.

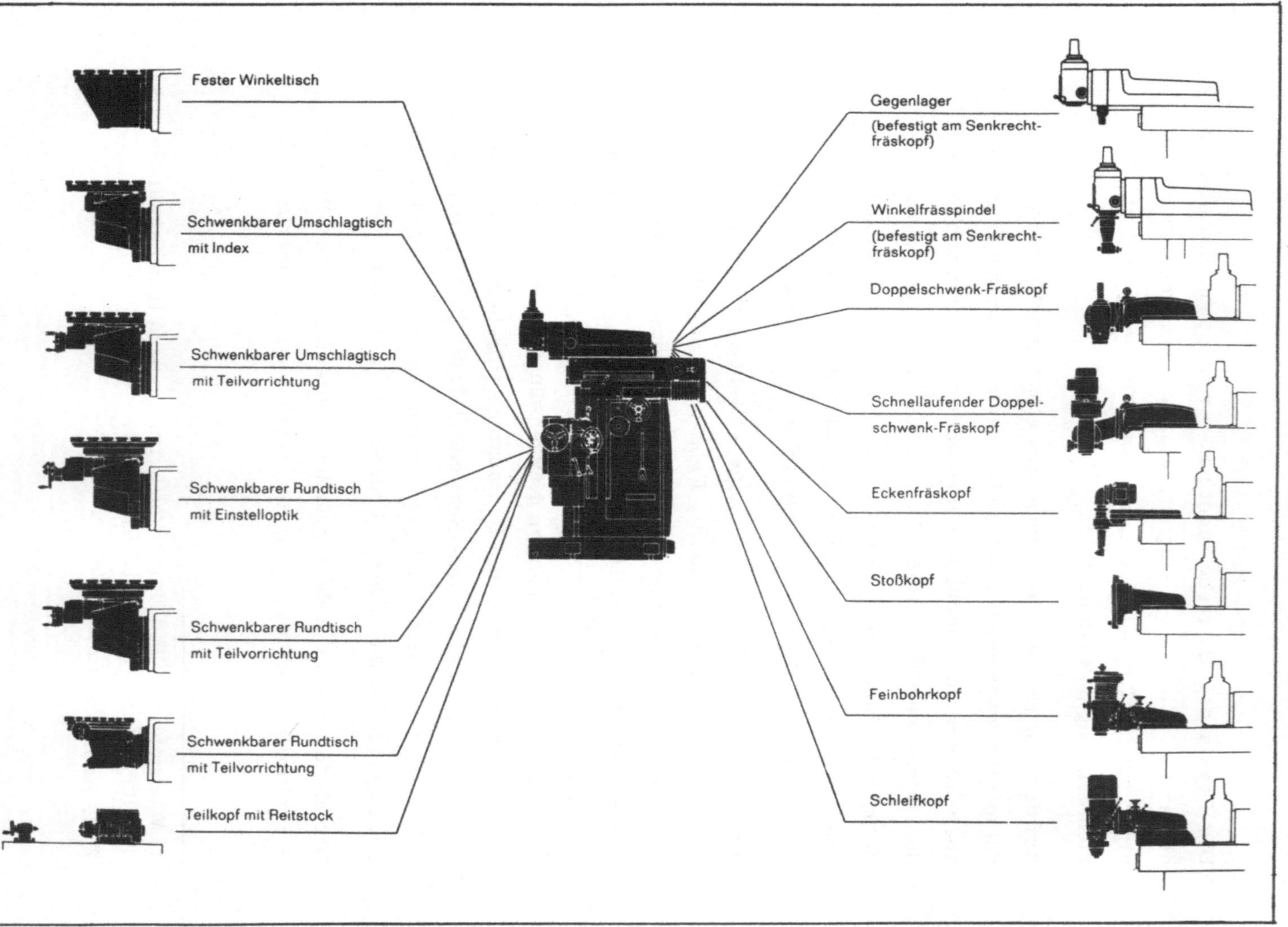

Abb. 5: Baukastensystem für Fräs-, Bohr- und Schleifmaschinen.
Quelle: Prospekt Firma N. N., W+B 106/1973, Heft 3

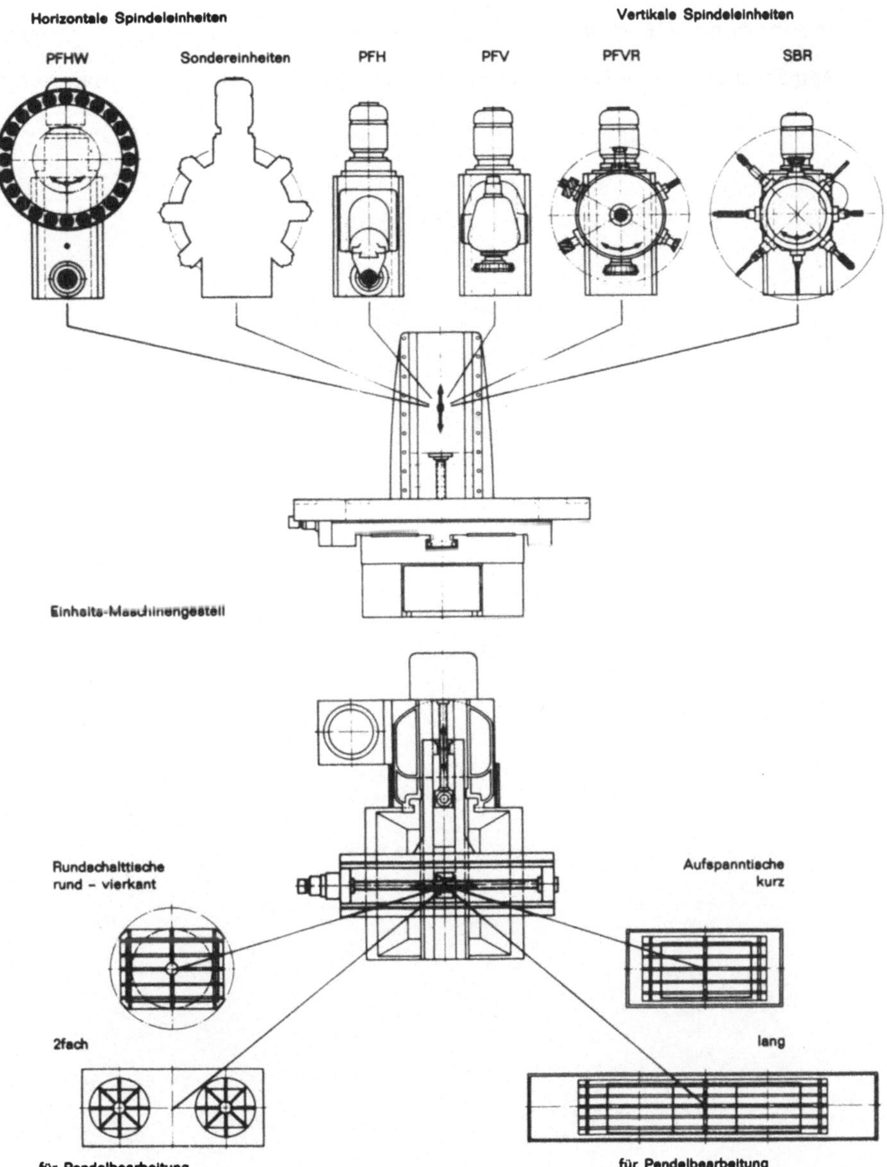

Abb. 6: Baukastensystem für Produktionsfräs- und Bohrmaschinen.
Quelle: Prospekt Firma N.N. 1969.

ist an ein Unternehmen mit "gemischter auftrags- und lagergebundener Produktion" [1] zu denken, in dem also mittlere Gegebenheiten zwischen Einzel- und Serienfertigung herrschen.

---

1) VDI, Fachgruppe Betriebstechnik: Elektronische Datenverarbeitung . . . , a. a. O., (T 10), S. 42.

4. Beschreibung des Simulationsmodells

Das zu beschreibende Simulationsmodell unterliegt beträchtlichen quantitativen Einschränkungen gegenüber der betrieblichen Wirklichkeit, aber kann als qualitativ repräsentativ für die Fertigung im Werkzeugmaschinenbau gelten: Zwar sind die Erzeugnisarten, Losgrößen, Bestellmengen, Dispositionsstufen, Arbeitsgänge u. a. zahlenmäßig stark verkleinert, aber die Problemstellungen aus dem Zusammenspiel von Kunden- und Lagerproduktion, von Einzel- und Losfertigung usw. sind der Praxis nachgebildet. Eine Anlehnung an praktische Gegebenheiten durch ein derartiges Modell ist in der Literatur geläufig [1).]

Bei der gewählten Erzeugnisart ist beispielhaft an einen Mehrspindel- (Stangen-) Drehautomaten zu denken.

4.1 Die Auftragsstruktur

Am Produkt können bis zur Grundmontage 3 Hauptgruppen erkannt werden, auch als "Vormontagegruppen" [2)] bezeichnet, die durch konkrete Stücklisten definiert sind; am Beispiel des Mehrspindelautomaten wären als 3 der wichtigsten Gruppen das Drehmaschinenbett, der Spindelstock und der Werkzeugschlitten zu nennen [3)].

Das Produkt wird in 3 Grundtypen, die je in 1 -2 Grundvarianten vorkommen, hergestellt. Die Typen treten in einer Häufigkeit von 2 : 1 : 2 auf. Die Häufigkeitsverteilung der darunter subsumierten Varianten ist der folgenden Tabelle 2 zu entnehmen:

1) Carroll, D. C.: a. a. O., S. 21.

2) Wiendahl, H. -P.: Funktionsbetrachtungen technischer Gebilde. Diss. Aachen 1970, S. 36.

3) Gerling, H.: Rund um die Werkzeugmaschine. 3. Aufl., Braunschweig 1967, S. 16 f.
vgl. Dickhut, E. O.: a. a. O., S. 49.

Typ	Häufigkeits-verteilung der Typen (%)	Variante	Häufigkeits-verteilung d. Varianten innerhalb je-weiligem Typ (%)	Häufigkeits-verteilung d. Varianten insgesamt (%)
1	4o	$1^1 = 1$	75	3o
		$1^2 = 2$	25	1o
2	2o	$2^1 = 3$	1oo	2o
3	4o	$3^1 = 4$	62,5	25
		$3^2 = 5$	37,5	15
				$\sum = 100$

Tab. 2: Häufigkeiten der einzelnen Varianten und Typen

Während unterschiedliche Typen Unterschiede in den Bauarten bedeuten, hat man sich Varianten als unterschiedliche Größen vorzustellen, die aus der Kombination verschiedener Abmessungen der Hauptgruppen resultieren. So ist z. B. bei der Bohrmaschinen-Herstellung denkbar, daß sich die verschiedenen lieferbaren Maße der Tischverschiebung mit denen der Bohrkopfverschiebung, evtl. auch mit denen des Pinolenhubs zu einer Vielfalt von möglichen Varianten verbinden lassen. Daneben können aber die Variantenunterschiede auch als Unterschiede der Zusammensetzung von Arbeitseinheiten mit der Grundmaschine interpretiert werden: In den Abb. 5 und 6 [1)] wurde die Variantenverwandtschaft von Endmaschinen unterschiedlicher Funktion (Fräs-, Bohr- oder Schleifkopf) gezeigt.

Allerdings ist hier nun einzuschränken, daß das Modell keine vorbehaltlose Kombinationsmöglichkeit der Grundgruppen vor-

---

1) s. S. 74 f.

sieht, mit anderen Worten der Charakter eines Baukastensystems ist im Modell nicht ausgeprägt sichtbar: Wird von einer Variante zur anderen innerhalb eines Typs eine Grundgruppe ersetzt, so bedingt dies auch Änderungen bei den anderen Grundgruppen; zwar sind die ersetzte und die ersetzende Hauptgruppe in verschiedenen Varianten eines Typs einander sehr ähnlich [1], aber eine uneingeschränkte Baukastenweise mit freier Zusammensetzbarkeit von Grundeinheiten liegt eben nicht vor.

An die Fertigung der Varianten der Grundmaschine schließt sich die Endmontage an, in der 2 Teilearten eine Rolle spielen können [2]:

1. Zum einen treten Standard-Teile auf, die als Verbindungsteile für kundenspezifische Anschlußstellen sorgen; sie sind zwar nicht mehr variantenabhängig, wohl aber typabhängig Auch ihre Existenz bestätigt das Abgehen vom strengen Baukastenprinzip, denn von einem Baukasten kann nicht die Rede sein, "wenn im Grundelement geändert werden muß, wenn eine Baugruppe an dasselbe anmontiert wird" [3]; bei einheitlichen Fügstellen, einer Forderung der Baukastentechnik [4], wären Verbindungsstellen überflüssig.

---

1) s. Abb. 7 a) - e)

2) vgl. Dinius, G. /Schacht, N.: a. a. O., S. 72. Fall b).

3) Bührer, F.: Die Produktionsplanung in der Industrie. Erweiterter Sonderdruck Nr. 554 aus der Zeitschrift TZ für praktische Metallbearbeitung Jg. 1964/1966. Stuttgart 1968, S. 18.

4) Biegert, H.: a. a. O., S. 16.

2. Zum anderen werden in der Endmontage vor allem die eigentlichen, vom Kunden geforderten Teile der Sonderausstattung angebracht: Anbauteile, Zubehör, Apparate usw., die typ- und variantengebunden sind.

Im Modell kann die Endmontage gleichverteilt 1 - 3 Teile dem grundmontierten Produkt hinzufügen. Davon tritt in jedem Fall ein Kundenwunsch - Teil auf, das aus einer Auswahl von 10 Teilen mit gleicher Wahrscheinlichkeit herausgegriffen wird. Tritt ein zweites Teil hinzu, so gehört es zu den Standardteilen (Verbindungsteilen), wobei typgebunden je aus einer Auswahl von 2 - 3 Teilen gleichverteilt gewählt wird. Tritt ein drittes Teil hinzu, so wird alternativ ein weiteres kundenspezifisches Teil oder Verbindungsteil genommen.

Auf diese Weise wird im Modell erreicht, daß bei 5 definierten Varianten eines Erzeugnisses bis zum Grundmontage-Stadium eine Vielzahl von endmontierten Kundenausführungen resultiert. Damit ist dem Charakter der Einzelfertigung jedes Auftrags bei gleichzeitiger Wirksamkeit von Vereinheitlichungsbestrebungen Rechnung getragen. Man kann damit die Fertigung als Variantenbauweise mit Serien-Grundvarianten (Mußvarianten) und kundenspezifischen Ausrüstungsvarianten (Kannvarianten) [1] kennzeichnen. Dabei kommen Ansätze von Vereinheitlichung zum Zuge, zwar z.B. keine uneingeschränkte Baukastenfertigung, wohl aber die Existenz von Gleichteilen.

4.2 Das Materialwesen des Produktionssteuerungssystems

4.21 Die Bedarfsermittlung

Das Produktionssteuerungssystem läßt sich in den Mengen- und Terminbereich aufgliedern [2]. Unter Berücksichtigung

1) Biegert, H.: a. a. O., S. 51.

2) s. S. 7.

a) Variante Nr. 1:

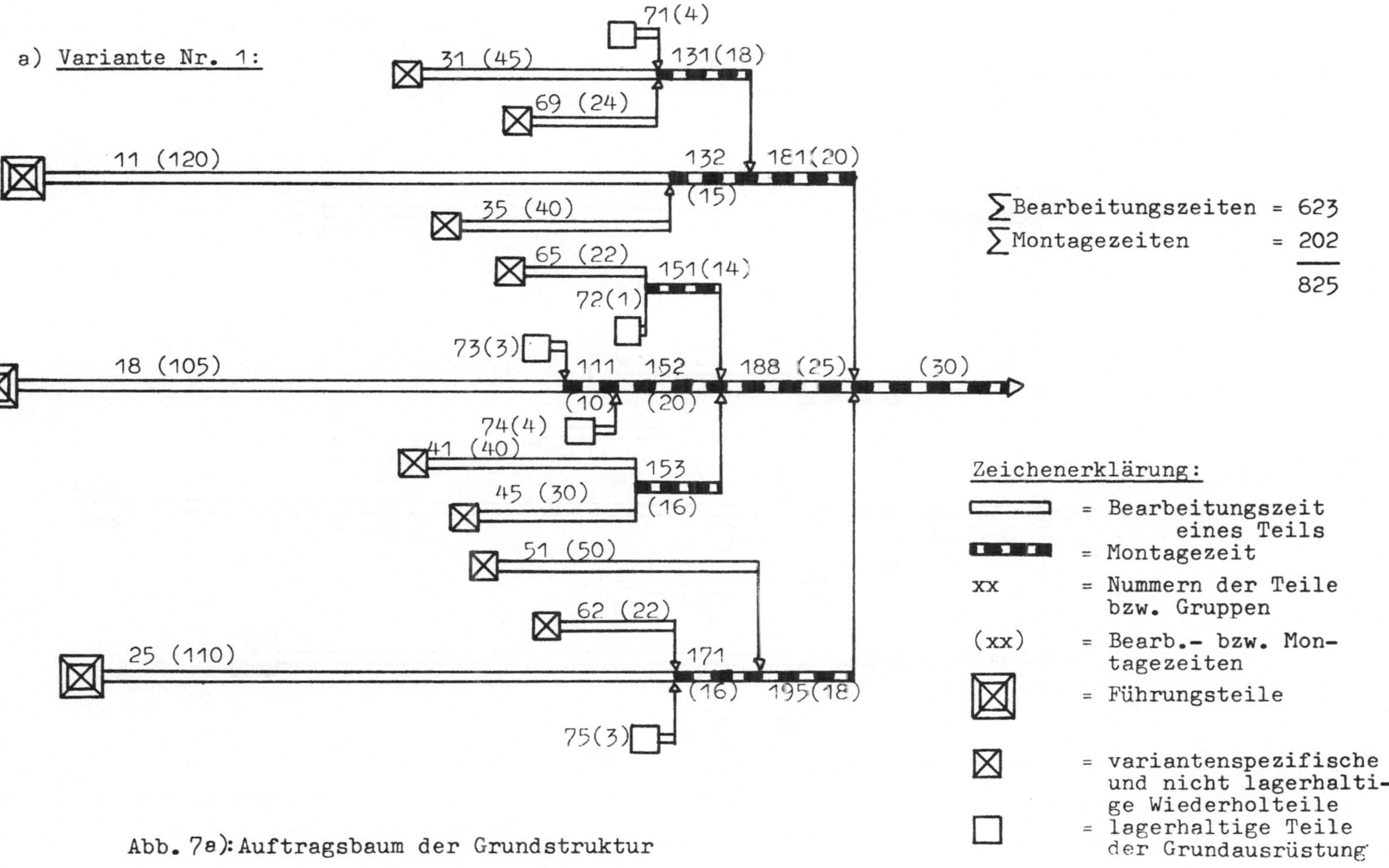

Abb. 7a): Auftragsbaum der Grundstruktur

b) Variante Nr. 2:

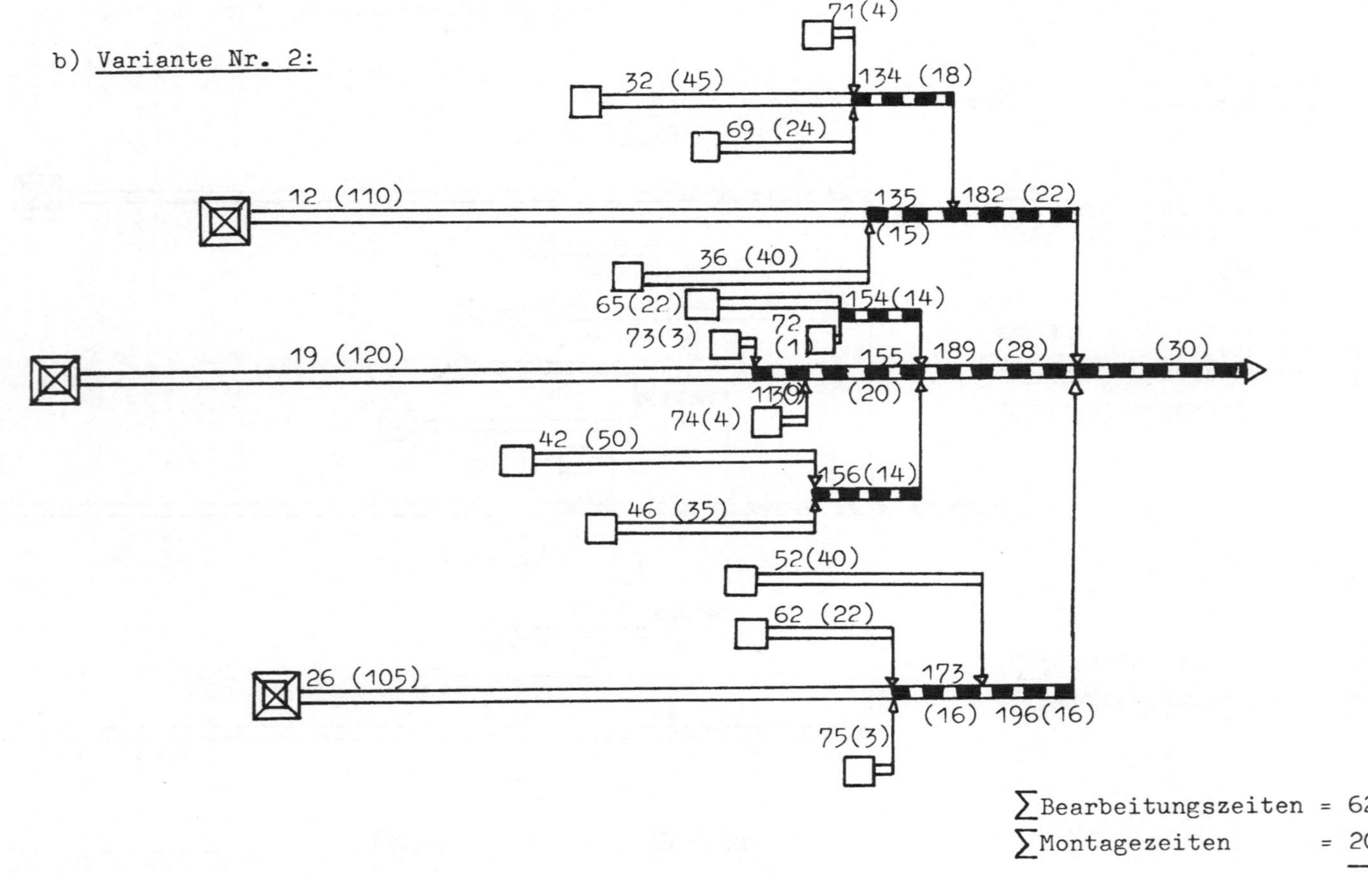

$\sum$ Bearbeitungszeiten = 628

$\sum$ Montagezeiten = 202

830

Abb. 7b): Auftragsbaum (Zeichenerklärung s. S. 81)

c) <u>Variante Nr. 3:</u>

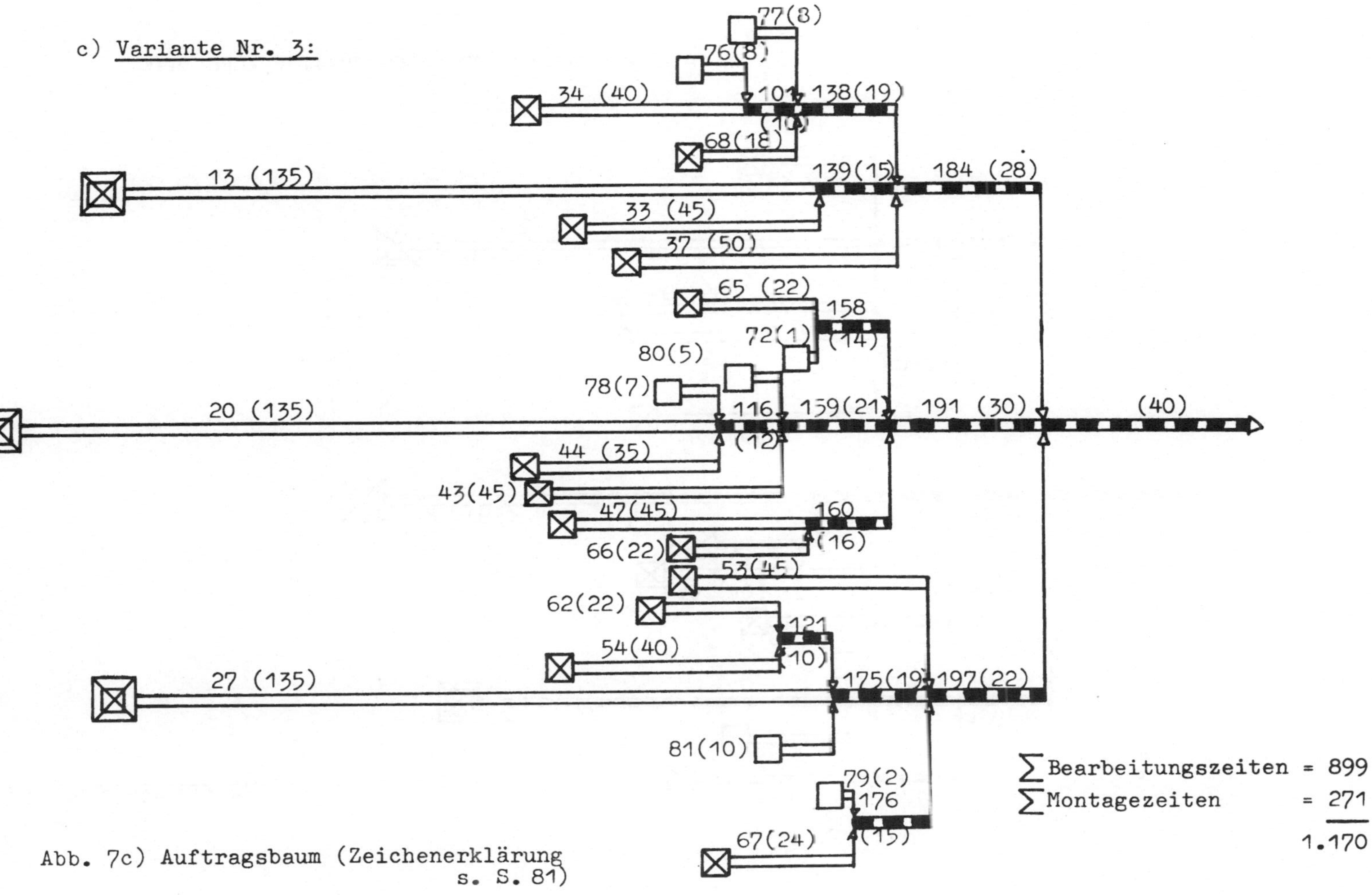

$\sum$ Bearbeitungszeiten = 899
$\sum$ Montagezeiten = 271

1.170

Abb. 7c) Auftragsbaum (Zeichenerklärung s. S. 81)

d) Variante Nr. 4:

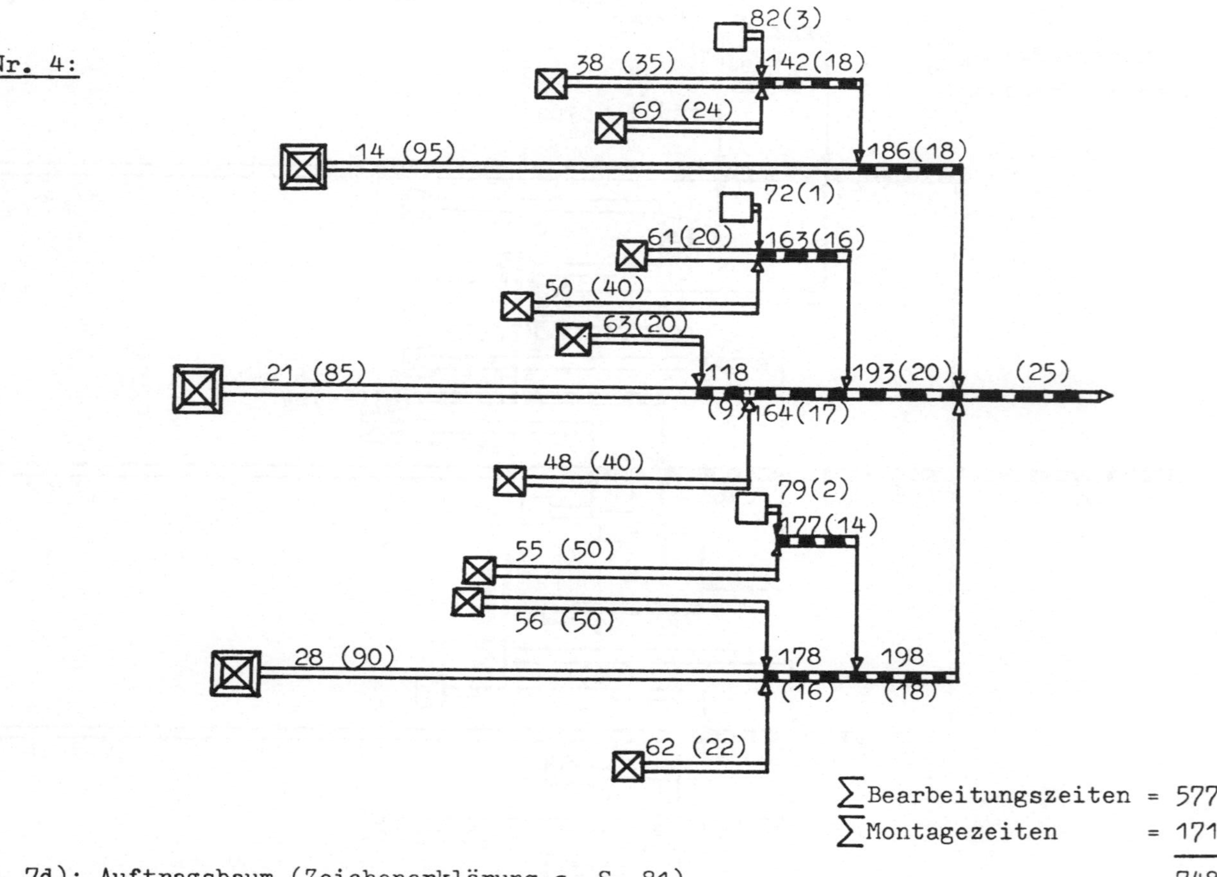

$\sum$ Bearbeitungszeiten = 577
$\sum$ Montagezeiten = 171
748

Abb. 7d): Auftragsbaum (Zeichenerklärung s. S. 81)

e) Variante Nr. 5:

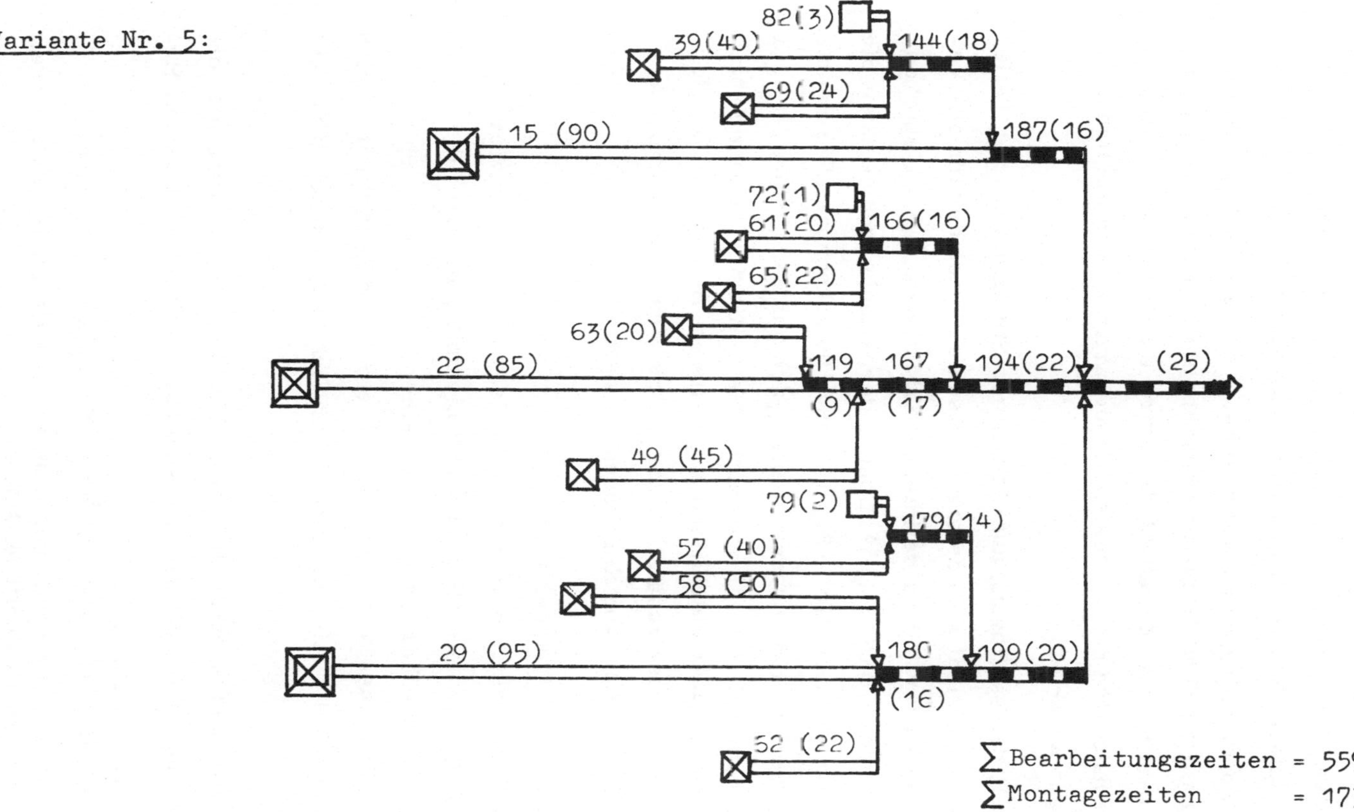

Abb. 7e): Auftragsbaum (Zeichenerklärung s. S. 81)

der Auftragsstruktur im Simulationsmodell liegt es nahe, den Bedarf "Produkte" in zweierlei Weise zu konzipieren: im Sinne des Endprodukts tritt er nur als orginärer [1] Bedarf, nämlich in Form von Kundenbestellungen auf, dagegen hat man es inbezug auf die Grundmaschine mit Substitutionsbedarf zu tun, d.h. in bestimmten Zeitabständen wird ein Werkstattauftrag mit Kleinstserien der einzelnen Grundvarianten zur Fertigung auf Lager ausgelöst [2].

Die Bedarfsauflösung auf die tieferen Stufen bis hin zur Teile-Ebene vollzieht sich deterministisch aufgrund der für alle Varianten aller Typen definierten Stücklisten. Am Beispiel der Variante 1 [3] wird die Auflösung der Grundmaschine über die 3 Hauptgruppen Nr. 181, 188 und 195 erkennbar. Die Hauptgruppe Nr. 195 ihrerseits setzt sich aus der Gruppe Nr. 171 und dem Teil Nr. 51 zusammen usw. Auf der Teilestufe tritt neben den über Stücklisten abgeleiteten Bedarf des Grunderzeugnisses der zusätzliche originäre Bedarf an Endmontageteilen aufgrund von Kundenbestellungen.

4.22 Das Teilespektrum

Im Teilespektrum lassen sich 6 Teilearten differenzieren:

1. Führungsteile (Nr. 11 - 30): hiermit sind z.B. die Großgußteile wie Ständer und Portal einer Portalbohrmaschine oder das Bett eines Mehrspindlers bezeichnet, allgemein aber auch andere Teile mit überdurchschnittlich langen Bearbeitungszeiten.

2. Variantenspezifische Teile (Nr. 31 - 60): Anders als die Führungsteile zeichnen sie sich durch mittlere Längen an Be-

---

1) vgl. Haberfellner, R. /Rutz, K.: a. a. O., S. 21 ff.

2) Zur Koordinierung von Kunden- und Werkstattaufträgen vgl. genauer Abschnitt 4.311.

3) vgl. Abb. 7a).

arbeitungszeiten aus; aber, wie die Führungsteile, sind sie varianten- und natürlich auch typengebunden, so etwa Bohrspindeln.

3. Nicht lagerhaltige Wiederholteile (Nr. 61 - 70): Sie können typischerweise, anders als 1. und 2., in verschiedenen Varianten auftreten; ihre Bearbeitungszeiten sind kleiner als die unter 2. Hier kann an Schaltnocken oder Anschläge gedacht werden.

4. Lagerhaltige Teile der Grundvarianten (Nr. 71 - 82): Hier handelt es sich um Kleinteile, die uneingeschränkt als Wiederholteile wiederkehren können; sie sind noch unbedeutender hinsichtlich der Bearbeitungszeit (und damit des Wertes) und universeller verwendbar als die unter 3., so daß sie permanent auf Lager gehalten werden, z.B. Scheiben, Bolzen, Ringe o.ä.

5. Lagerhaltige Teile der Endausrüstung (Nr. 83 - 90): Damit sind die Verbindungsteile für die Endausstattung gemeint, die, bei fast so geringem Wert wie die unter 4., ebenfalls lagerhaltig geführt werden [1].

6. Kundenspezifische Teile (Nr. 91 - 100) : Diese beinhalten durchschnittliche Bearbeitungszeiten, ähnlich denen unter 2., aber sie werden einzeln auf Kundenbestellung gefertigt, z.B. die Art der Steuerung.

Im Vergleich dieser Teilehierarchie mit der ABC - Analyse sind einige Parallelen herausschälbar. Die ABC-Analyse unterteilt ein gegebenes Teilespektrum nach den Kriterien des Mengen-Wert-Verhältnisses und der Verbrauchshäufigkeit [2]. Vereinfachend [3] können beide Kriterien zusammengefaßt werden, und man erhält folgende Definition: A-Teile sind wertvoll und treten in geringer Zahl selten auf; B-Teile treten bei mitt-

---

1) Die Teilearten 5 und 6 erscheinen als Endausrüstungsteile konsequenterweise nicht in den Auftragsbäumen der Grundvarianten von Abb. 7a) - 7e).

2) Grochla, E.: Grundlagen der Materialwirtschaft. 2. Aufl., Wiesbaden 1973, S. 29 ff.

3) Bührer, F.: a. a. O., S. 32.

lerem Wert in mittlerer Häufigkeit auf; C-Teile fallen bei niedrigem Wert häufig und in großen Mengen an [1]. Die Disposition bezieht daraus die Anweisung, A-Teile entsprechend dem direkten Bedarf in Auftrag zu geben, B-Teile in optimalen Losen, aber aufgrund des deterministisch abgeleiteten Bedarfs aufzulegen und C-Teile stochastisch, verbrauchsgesteuert zu disponieren [2].

Das Teilespektrum des Modells ahmt diese Einteilung tendenziell nach: Als durch den direkten Bedarf gesteuerte, also A-Teile sind die kundenspezifischen Teile (Nr. 91 - 100) anzusehen, die ohne Losgrößen oder Kleinstserien und ohne Lagerung gefertigt werden. Die Teilearten 1. - 3. (Nr. 11 - 70) sind mit B-Teilen zu vergleichen, da sie in Kleinstlosen entsprechend den Werkstattaufträgen aufgelegt werden, ohne aber als Lagerteile behandelt zu werden. Alle lagerhaltigen Teile (Nr. 71 - 90) entsprechen voll den C-Teilen, da sie verbrauchsgesteuert disponiert und auf Lager gehalten werden.

Zu dieser Parallele sind allerdings 2 Anmerkungen zu machen:

1. Vor allem das Mengen-Wert-Kriterium der ABC-Analyse trifft nicht ganz auf das Teilespektrum des Modells zu: Die Führungsteile, die in Kleinstlosen durch Werkstattaufträge aufgelegt werden, wurden den B-Teilen angenähert, während sie doch im Regelfall wertvoller als die kundenspezifischen Teile sind, die wegen ihrer Einzelfertigung den A-Teilen gleichgesetzt wurden.

---

1) Bührer, F.: a. a. O., S. 32.
Gräßler, D.: a. a. O., S. 2 f.
Fridewald H.-J.: a. a. O., S. 21.
IBM (Hrsg.): System/360 Lagerdisposition. (Inventory Control). Anwendungsbeschreibung. IBM-Form 80516-0, o. O. 1970, S. 7.

2) vgl. Bührer, F.: a. a. O., S. 32.

2. Es ist aufschlußreich, das Häufigkeits-Kriterium einmal unter dem Aspekt der Mehrfachverwendbarkeit der Teile zu sehen: nach der Definition der C-Teile wären darnach Wiederholteile von niedrigem Wert [1], wie ja auch einfache Drehteile (Wellen, Bolzen, Ringe, Büchsen u. a.) als Beispiel der Gleichteileverwendung aufgeführt wurden [2]. Ähnlich liegen die Angaben eines Werkzeugmaschinenherstellers, die von 80% gleicher Teile in verschiedenen Varianten sprechen, die aber nur 20 % des Gesamtwertes ausmachen.

Je nach der Entwicklung der Vereinheitlichung kann nun die Wiederverwendung auch bei B-Teilen, also höherwertigen Teilen vorgefunden werden, wie im Modell im Fall der nichtlagerhaltigen Wiederholteile. Daran wird auch deutlich, daß bei höher entwickelter Rationalisierung beide Kriterien der ABC-Klassifizierung, das Mengen-Wert-Verhältnis und das Häufigkeits- bzw. Mehrfachverwendungs-Kriterium, heranzuziehen sind.

4.23 Die Dateien des Produktionssteuerungssystems

4.231 Die Teilestrukturdaten

Die Ähnlichkeit der Grundvarianten eines Typs kann an Variante 1 und 2, die zu Typ 1 gehören, bzw. an Variante 4 und 5, die zu Typ 3 gehören, nachvollzogen werden [3]. Man hat von einem jeweils sehr analogen Aufbau mit nahezu gleicher Gestalt des Auftragsbaums auszugehen: Nur einzelne Teile sind durch parallele, ähnliche Teile zu ersetzen, z. B. bei Variante 5 gegenüber 4 Teil Nr. 39 statt 38, oder 15 statt 14, 22 statt 21 usw. Die Ähnlichkeit der Teile ist durch zwar verän-

---

1) vgl. Bührer, F.: a. a. O., S. 32.

2) s. S. 62.

3) s. Abb. 7a) u. b), bzw. 7d) u. e).

MASCHINENFOLGEN:

MATRIX HALFWORD SAVEVALUE 6

=A'gang-Nr.	ROW	COL. 1	2	3	4	5	6	7
= Teile-Nr.	1	0	0	0	0	0	0	0
	2	0	0	0	0	0	0	0
	3	0	0	0	0	0	0	0
	4	0	0	0	0	0	0	0
	5	0	0	0	0	0	0	0
	6	0	0	0	0	0	0	0
	7	0	0	0	0	0	0	0
	8	0	0	0	0	0	0	0
	9	0	0	0	0	0	0	0
	10	0	0	0	0	0	0	0
Führungsteile	11	14	16	13	11	17	18	0
	12	14	16	13	11	17	18	0
	13	12	14	16	14	13	11	18
	14	12	14	17	13	18	0	0
	15	12	14	17	13	18	0	0
	16	0	0	0	0	0	0	0
	17	0	0	0	0	0	0	0
	18	12	15	14	13	17	19	0
	19	12	15	14	13	17	18	0
	20	12	15	19	14	13	17	18
	21	12	15	14	13	17	0	0
	22	12	15	14	13	17	0	0
	23	0	0	0	0	0	0	0
	24	0	0	0	0	0	0	0
	25	15	11	18	14	13	16	0
	26	15	11	18	14	13	16	0
	27	15	19	11	16	14	13	16
	28	15	11	14	13	16	0	0
	29	15	11	14	13	16	0	0
	30	0	0	0	0	0	0	0

BEARBEITUNGSZEITEN:

MATRIX HALFWORD SAVEVALUE 7

ROW	COL. 1	2	3	4	5	6	7
1	0	0	0	0	0	0	0
2	0	0	0	0	0	0	0
3	0	0	0	0	0	0	0
4	0	0	0	0	0	0	0
5	0	0	0	0	0	0	0
6	0	0	0	0	0	0	0
7	0	0	0	0	0	0	0
8	0	0	0	0	0	0	0
9	0	0	0	0	0	0	0
10	0	0	0	0	0	0	0
11	20	20	20	15	25	20	0
12	25	20	15	15	20	15	0
13	15	20	25	15	20	20	20
14	15	20	20	25	15	0	0
15	15	15	20	20	20	0	0
16	0	0	0	0	0	0	0
17	0	0	0	0	0	0	0
18	15	15	20	20	15	20	0
19	20	20	15	25	15	25	0
20	15	20	10	20	25	20	25
21	15	15	20	20	15	0	0
22	15	15	15	20	20	0	0
23	0	0	0	0	0	0	0
24	0	0	0	0	0	0	0
25	20	15	10	20	25	20	0
26	20	15	20	15	25	20	0
27	20	25	15	10	20	25	20
28	15	20	15	20	20	0	0
29	15	15	20	25	20	0	0
30	0	0	0	0	0	0	0

Tab. 3: Arbeitspläne (Maschinenfolgen und Bearbeitungszeiten) (Forts. S. 91)

		MASCHINENFOLGEN:								BEARBEITUNGSZEITEN:						
Variantenspezifische Teile	31	13	15	16	12	11	18	0	31	10	5	10	5	5	10	0
	32	13	15	16	12	11	18	0	32	10	5	10	10	5	5	0
	33	12	11	16	18	17	18	0	33	5	10	10	5	5	10	0
	34	13	15	16	12	18	0	0	34	10	5	10	10	5	0	0
	35	12	11	19	15	17	18	0	35	5	10	5	5	5	10	0
	36	12	11	19	18	17	13	0	36	5	10	5	10	5	5	0
	37	18	16	17	12	11	14	0	37	10	5	10	5	10	10	0
	38	13	15	12	11	18	0	0	38	10	5	5	5	10	0	0
	39	13	15	12	11	18	0	0	39	10	10	10	5	5	0	0
	40	0	0	0	0	0	0	0	40	0	0	0	0	0	0	0
	41	11	13	15	16	17	18	0	41	10	5	5	10	5	5	0
	42	11	13	15	16	17	18	0	42	10	5	10	10	5	10	0
	43	15	19	12	16	17	14	0	43	10	10	5	10	5	5	0
	44	16	11	13	19	18	0	0	44	5	10	5	5	10	0	0
	45	18	12	16	14	13	0	0	45	5	10	5	5	5	0	0
	46	18	12	16	14	13	0	0	46	5	5	10	5	10	0	0
	47	11	13	19	16	14	18	0	47	5	10	10	5	10	5	0
	48	12	13	19	16	17	18	0	48	5	5	10	10	5	5	0
	49	12	13	19	16	17	18	0	49	5	10	10	10	5	5	0
	50	13	15	16	19	18	0	0	50	10	5	10	5	10	0	0
	51	12	13	16	11	18	17	0	51	10	5	10	10	5	10	0
	52	12	13	16	11	18	17	0	52	10	5	5	10	5	5	0
	53	12	13	14	11	13	17	0	53	10	5	5	10	5	10	0
	54	11	16	17	12	11	0	0	54	5	5	10	10	10	0	0
	55	12	16	11	14	15	18	0	55	10	10	10	5	10	5	0
	56	15	14	12	18	17	19	15	56	10	5	10	5	10	5	5
	57	12	16	11	14	15	18	0	57	10	5	10	5	5	5	0
	58	15	14	12	18	17	19	16	58	10	5	5	10	10	5	5
	59	0	0	0	0	0	0	0	59	0	0	0	0	0	0	0
	60	0	0	0	0	0	0	0	60	0	0	0	0	0	0	0
nicht lagerhalt. Wiederholteile	61	12	14	15	17	13	0	0	61	4	2	4.	4	6	0	0
	62	12	15	11	13	19	18	0	62	6	4	2	2	6	2	0
	63	11	15	14	12	17	0	0	63	6	4	2	6	2	0	0
	64	0	0	0	0	0	0	0	64	0	0	0	0	0	0	0
	65	15	14	13	18	19	17	0	65	2	4	4	4	2	6	0
	66	14	11	17	19	15	0	0	66	6	4	4	2	6	0	0
	67	16	12	15	14	12	19	0	67	4	4	6	2	6	2	0
	68	15	16	11	12	17	0	0	68	4	2	6	2	4	0	0
	69	15	16	18	19	11	12	13	69	2	2	6	2	4	6	2
	70	0	0	0	0	0	0	0	70	0	0	0	0	0	0	0

Forts. Tab. 3: Arbeitspläne (Forts. S. 92)

		MASCHINENFOLGEN:								BEARBEITUNGSZEITEN:						
Lagerteile der Grundausrüstung	71	12	16	17	11	18	19	0	71	1	0	1	0	1	1	0
	72	16	17	19	11	0	0	0	72	0	0	0	1	0	0	0
	73	16	18	11	14	15	0	0	73	0	1	1	0	1	0	0
	74	13	12	11	14	15	16	0	74	1	1	0	1	0	1	0
	75	13	11	19	18	0	0	0	75	1	0	1	1	0	0	0
	76	13	19	19	17	15	14	0	76	2	1	2	1	1	1	0
	77	16	18	17	13	15	14	0	77	2	1	2	1	1	1	0
	78	16	17	18	11	12	0	0	78	1	2	2	1	1	0	0
	79	15	14	12	13	0	0	0	79	3	1	3	1	0	0	0
	80	15	14	19	13	0	0	0	80	1	1	2	1	0	0	0
	81	15	17	11	12	19	18	16	81	1	2	1	1	2	2	1
	82	13	16	17	18	0	0	0	82	3	1	1	1	0	0	0
Lagerteile d. Endausrüstung	83	12	13	14	17	18	0	0	83	2	3	2	2	1	0	0
	84	12	15	14	19	18	0	0	84	3	2	2	3	1	0	0
	85	12	11	14	18	16	0	0	85	3	4	2	2	3	0	0
	86	11	12	14	16	18	19	0	86	2	3	3	4	4	3	0
	87	11	13	15	16	17	19	0	87	2	5	4	4	3	4	0
	88	13	12	15	16	19	18	0	88	3	2	[illegible]	4	2	3	0
	89	13	14	15	16	17	18	0	89	3	4	4	4	3	4	0
	90	13	11	15	16	18	0	0	90	2	2	2	3	2	0	0
kundenspez. Teile	91	12	16	17	19	11	13	0	91	10	8	10	6	6	8	0
	92	14	12	11	16	17	0	0	92	8	6	10	8	10	0	0
	93	13	11	19	14	12	18	15	93	9	8	8	10	6	10	6
	94	11	18	17	14	12	0	0	94	10	6	10	6	6	0	0
	95	14	15	17	13	18	0	0	95	5	5	10	8	5	0	0
	96	12	18	17	13	11	15	0	96	6	10	5	8	10	6	0
	97	15	18	17	12	11	0	0	97	10	6	8	10	5	0	0
	98	13	19	14	16	11	15	0	98	6	8	10	10	5	6	0
	99	14	19	18	16	12	15	0	99	6	8	10	6	5	10	0
	100	18	17	15	13	14	0	0	100	10	8	6	10	6	0	0

Forts. Tab. 3: Arbeitspläne

derte Abmessungen, aber durch die Gleichheit des Fertigungsverfahrens begründet, so daß die Maschinenfolge bei dem ersetzten und ersetzenden Teil identisch ist, während die Bearbeitungszeiten hier und da divergieren [1].

Diese Ähnlichkeit beinhaltet auch, daß die Anzahl der Wiederholteile innerhalb eines Typs verhältnismäßig groß ist. Nach dem Vorbild einiger Grundprodukte eines Werkzeugmaschinenherstellers [2] kann die Häufigkeit von Gleichteilen innerhalb und außerhalb eines Typs folgendermaßen im Modell abgelesen werden:

Typ	1^{1}	1^{2}	2	3^{1}	3^{2}
Anzahl der Positionen	16= 100%	16= 100%	23= 100%	15= 100%	15= 100%
neue Teile	16= 100%	8= 50%	20= 87%	13= 87%	7= 47%

Tab. 4: Verwendung gleicher Teile in den verschiedenen Varianten im Modell

Außerhalb eines Types gehen die Ähnlichkeiten der Grundausführungen mehr und mehr verloren: nur wenige Teile sind weit oder gar universell verwendbar; im Modell tritt Teil Nr. 62 in Typ 1 und 2, Teil Nr. 72 in allen 3 Typen auf. Die Grundstruktur der 3 Hauptgruppen, die jeweils von einem Führungsteil angeführt werden, ist über alle Typen hinweg gerade noch erkennbar [3]; allerdings sind auch die entsprechenden Führungsteile in ihren Maschinenfolgen nicht mehr ganz gleich

1) s. Tab. 3.

2) s. Tab. 1, S. 63.

3) s. Abb. 7.

(s. z.B. die Teile Nr. 18 - 22, die die mittleren Führungsteile der 5 Varianten bezeichnen).

4.232 Die Teilestammdaten

4.2321 Die Arbeitspläne

Aus den Arbeitsplänen mit den Matrizen der Maschinenfolgen und Bearbeitungszeiten [1] gehen die Fertigungskosten als kumulierte Bearbeitungszeiten und die durchschnittliche Zeit pro Arbeitsgang hervor:

	mittlere Fertigungskosten je Teileart	mittlere Zeit pro Arbeitsgang je Teileart
Führungsteile	ca. 12o	ca. 2o
variantenspez. Teile	45	8
nicht lagerh. Wiederholteile	22	4
lagerh. Teile der Grundmasch.	5	1 [2]
lagerh. Teile d. Endausrüstung	15	3
kundenspezif. Teile	43	8

Tab. 5: mittlere Fertigungskosten und mittlere Bearbeitungszeiten pro Arbeitsgang je Teileart

Die Anzahl der Arbeitsgänge pro Teil liegt zwischen 4 und 7. Auf die Ähnlichkeiten der Maschinenfolgen und Bearbeitungs-

---

1) s. Tab. 3.

2) Pro forma können hier einzelne Arbeitsgänge gleich 0 sein, da das Computerprogramm nur ganzzahlige Werte zuläßt.

zeiten der Teile der Grundmaschine wurde hingewiesen. Unter den Teilen der Endausrüstung ist zwar eine gewisse Parallelität zwischen den jeweils typgleichen Lagerteilen zu beobachten, also zwischen Teil Nr. 83, 84 und 85, dann wieder zwischen 86 und 87 und schließlich zwischen 88 - 90; aber die Arbeitspläne der kundenspezifischen Teile sind vollkommen unregelmäßig, da ganz kundenwunschabhängig.

Die in den Arbeitsplänen gespeicherten Bearbeitungszeiten sind für die Fertigung eines Stückes definiert. Werden Lose aufgelegt, so ist die Stückbearbeitungszeit mit der Losgröße zu multiplizieren; der Kostendegressionseffekt der Losfertigung wird also außer acht gelassen.

Die Montagezeiten als Sonderfall der Bearbeitungszeiten können jeweils um einen Mittelwert schwanken, um der Unwägbarkeit der mehr manuellen Tätigkeiten gegenüber den Maschinenbearbeitungszeiten Rechnung zu tragen. Die Länge und Streuung der Montagezeiten nehmen auf den höheren Stufen bis vor allem zur Endmontage zu, da die Prüfung und Kontrolle, die unter die Montagezeit subsumiert sind, zum Ende hin mehr und mehr ins Gewicht fallen. Bei der Endmontage kann außerdem noch festgehalten werden, daß der gefertigte Typ und die Anzahl der Endmontageteile einen Einfluß auf die Zeit haben.

4.2322 Die Anzahl der Arbeitsgänge und die Fertigungskosten

Implizit ist in den Arbeitsplänen schon die Anzahl der Arbeitsgänge und ihre Fertigungskosten, repräsentiert durch die Bearbeitungszeit, enthalten. Beide Größen, ebenso wie das Gesamtbearbeitungsvolumen, d. h. die Gesamtfertigungskosten einer Grundvariante, werden noch einmal explizit abgespeichert.

4.233 Die Losgrößen

Einige weitere Daten stellen keine eigentlichen Teilestammdaten dar; weil sie aber im Modell als konstant behandelt werden, können sie auch im Teilestammsatz abgespeichert werden. Es handelt sich hier um die Losgrößen und die Bestellbestände der Teile.

Bei den Führungsteilen, den variantenspezifischen und nicht lagerhaltigen Wiederholteilen der Grundausstattung fallen einheitlich Losgrößen von 3 Stück in Höhe der Werkstattaufträge der Grundmaschine an. Bei den lagerhaltigen Teilen der Grundmaschine reichen die Losgrößen von 10 - 50 Stück, bei denen der Endausstattung von 4 - 7 Stück.

4.234 Die Lagerbestandsdaten

Bei kontinuierlichem Lagerabgang gelten folgende Zusammenhänge [1]:

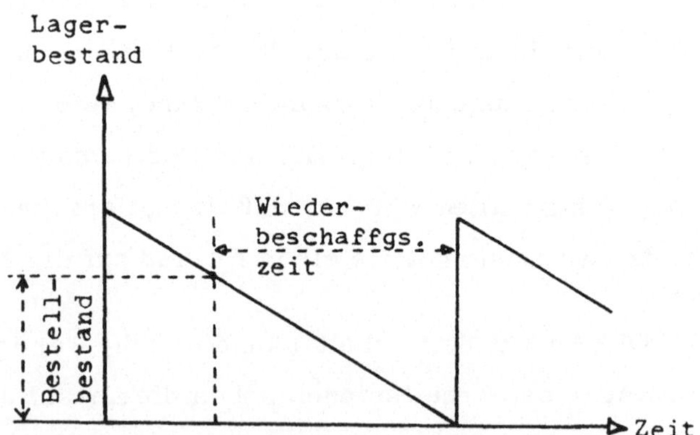

Abb. 8: Zusammenhang zwischen Bestellbestand und Wiederbeschaffungszeit

---

1) IBM: System/360 Lagerdisposition . . . , a. a. O , S. 10.

Daraus folgt:

$$\frac{\text{Bestellbestand}}{\text{Wiederbeschaffungszeit}} = \frac{\text{Verbrauch}}{\text{Zeiteinheit}}$$

so daß sich der Bestellpunkt oder Bestellbestand als Produkt aus Wiederbeschaffungszeit und durchschnittlichem Verbrauch je Zeiteinheit ergibt.

Der Verbrauch je Zeiteinheit eines Lagerteils basiert auf der Auftrittshäufigkeit der Varianten, in denen die Teile benötigt werden. Teil Nr. 71 kehrt in Variante 1 und 2 wieder und ist daher mit 1 · 30 % + 1 · 10 % = 40 % Wahrscheinlichkeit an jeder Bestellung beteiligt; Teil Nr. 72 kommt in jeder Variante, also 100-prozentig vor usw.[1)]

Die Wiederbeschaffungszeit wird als ein Intervall erfaßt: Ein großzügiger oberer Wert und ein knapper Mindestwert geben die Grenzen an. Dahinter steht folgende Konstruktion[2)]: Wenn ein der maximalen Wiederbeschaffungszeit entsprechender Bestellbestand erreicht ist, wird ein Lagerauftrag mit schwacher Priorität ausgelöst; erst wenn die Zeit verstrichen ist, nach der ein Bestand erreicht ist, der dem unteren Schwellenwert der Wiederbeschaffungszeit entspricht, wird der Lagerauftrag bevorzugt gefertigt. Der obere Wert der Wiederbeschaffungszeit ermittelt sich im Modell als das 8-fache des Bearbeitungsvolumens eines Teils, der untere Wert als das 1,5-fache. Für Teil Nr. 71 z.B. ermittelt sich ein Gesamtbearbeitungsvolumen des Lagerauftrags (Losgröße = 20, Bearbeitungszeit pro Stück = 4) von 4·20 = 80. Damit erhält man eine Mindestwiederbeschaffungszeit von 1,5 · 80 = 120 und eine obere Wiederbeschaffungszeit von 8 · 80 = 640. Aus der Multiplikation

---

1) s. weiter Tabelle A-1 (Anhang), Sp. (2) u. (3), S. 164 f.

2) s. vor allem Abschnitt 4.323.

mit dem Verbrauch pro Zeiteinheit folgt der obere Bestellpunkt mit 17 Stück und der Mindestbestellpunkt mit 3 Stück [1].

4. 235 Die Arbeitsplatzdaten

Während für die Montagearbeitsplätze eine unbeschränkte Kapazität unterstellt wird [2], stellt sich die Aufgabe, die Maschinengruppen der mechanischen Fertigung zu dimensionieren. Damit sind 2 Schritte vorgegeben:

1. Das Verhältnis der Maschinengruppen zueinander, also die relativen Kapazitäten, und
2. die absolute Gesamtkapazität des Betriebes sind festzulegen.

4. 2351 Die relative Kapazität der Maschinengruppen

Die Arbeitspläne stellen die Daten für die Inanspruchnahmen der einzelnen Maschinengruppen durch die Arbeitsgänge aller Teile zur Verfügung. Berücksichtigt man noch die Häufigkeit der Varianten, zu denen die einzelnen Teile gehören, so gelangt man zu der Gesamtbeanspruchung der Maschinengruppen, die im Modell in einer Anzahl von 9 vorgegeben werden. Damit erhält man auch das Verhältnis der Belegung der 9 Maschinengruppen zueinander [3]. Dabei wird unterstellt, daß die Belegungszeiten durch die höherwertigen Führungsteile und variantenspezifischen Teile repräsentativ für den Gesamtbedarf an Kapazität sind und die übrigen weniger wertvollen Teile vernachlässigenswert erscheinen.

---

1) s. Tabelle A-1 (Anhang), S. 164 f.

2) Wohl soll in der Arbeit das Problem der terminlichen Interdependenz in der Reihenfolgeplanung aufgrund der Montage behandelt werden, aber die Montagevorgänge selbst stellen kein anderes Problem als die Maschinenbearbeitungen dar und werden deshalb vereinfacht wiedergegeben.

3) s. Tab. A-2 (Anhang), S. 166.

4.2352 Die absolute Kapazität der Maschinengruppen

In 4.2322 wurden die Gesamtherstellkosten, d.h. das Gesamtbearbeitungsvolumen der Varianten in der Grundausführung erwähnt. Unter Beachtung der relativen Häufigkeiten der Varianten ermittelt sich ein durchschnittliches Bearbeitungsvolumen pro Grundauftrag von 660 Zeiteinheiten [1]. Hinzu kommt die Kapazitätsbeanspruchung der Teile der Endausstattung, die man im Durchschnitt je Kundenauftrag mit 63 Zeiteinheiten erhält [2]. Aus der Division dieser Gesamtkapazitätsnachfrage von 723 ZE durch die mittlere Zwischenankunftszeit der Kundenbestellungen von 15 ZE folgt eine Nachfrage nach 48 Kapazitätseinheiten.

Durch die Wahl von 60 Maschinen des gesamten Betriebes wird eine mittlere erwartete Kapazitätsauslastung von $\varrho = \frac{48}{60} = 80\,\%$ präjudiziert. Aus dem Angebot von 60 Maschinen folgt weiter unter Heranziehung der relativen Kapazitätsnachfrage die absolute Dimensionierung der 9 Maschinengruppen.

4.24 Weitere Modellannahmen

Im übrigen gelten die üblichen weiteren Vereinfachungen und Modellvoraussetzungen, die in ähnlichen Literaturansätzen zugrunde liegen [3]. Hier wäre etwa darauf hinzuweisen, daß Rüstzeiten ebenso wie Übergangszeiten (Transport, Kontrolle)

---

1) s. Tab. A-3 (Anhang), S. 167.

2) s. dto.

3) Hoss, K.: a. a. O., S. 89 ff.
Day, J.E./Hottenstein, M.P.: a. a. O., S. 16 f.
Günther, H.: a. a. O., S. 14 f.
Hoch, P.: Betriebswirtschaftliche Methoden ..., a. a. O., S. 34 f.

als unter die reine Bearbeitungszeit subsumiert gelten. Von der Möglichkeit der gesplitteten und überlappten Fertigung wird abstrahiert, auch Unterbrechungen werden nicht zugelassen. Der gesamte Bereich des Fremdbezugs, der in der Praxis sicher mehr als die Hälfte des Gesamtherstellwertes der Erzeugnisse ausmacht, wird gleichfalls ausgeklammert. Lagerhaltigkeit bleibt auf die Teileebene begrenzt, lagerhaltige Baugruppen werden nicht geführt; außerdem tritt nur 1 Wiederholgruppe, bestehend aus den Teilen Nr. 65 und 72, auf [1].

4.3 Das Terminwesen des Produktionssteuerungssystems

4.31 Die Terminfestlegung

Aus dem Gesagten ergibt sich, daß 3 Auftragsarten durch die Fertigung zu verfolgen sind:

1. Auf Lager zu fertigende Losaufträge der Grunderzeugnisse,
2. Kundenbestellungen auf Enderzeugnisse mit kundenspezifischer Endausstattung und
3. Lageraufträge der Lagerteile.

Zunächst ist das Zusammenspiel von Werkstatt- (1.) und Kundenauftrag (2.) näher zu beschreiben.

4.311 Koordinierung zwischen Kunden- und Werkstattaufträgen

Die einzelnen Varianten werden als Werkstattaufträge entsprechend den Überlegungen der Verkaufsprognose und -statistik aufgelegt. Das bedeutet, daß sie ziemlich periodisch, zwar mit leichter gleichverteilter zeitlicher Streuung, in die Fertigung gegeben werden.

---

1) Aus programmiertechnischen Gründen erscheint diese gleiche Gruppe je nach ihrem Auftreten in den verschiedenen Varianten unter einer unterschiedlichen Nummer.

Während die Praxis hier mit Losgrößen bis zu 10 Stück arbeitet, seien im Modell konstante 3-er Serien unterstellt. Kennzeichnend für die Werkstattaufträge ist die Unabhängigkeit vom Vorliegen einer Kundenbestellung.
Langfristig allerdings muß sich die Programmplanung auch an den Bestelleingängen orientieren: So wird im Modell angenommen, daß die Auflage weiterer Werkstattaufträge gestoppt wird, sofern sich mehr als 6 Stücke einer Variante in Arbeit befinden, für die sich noch keine Kundenbestellungen gefunden haben [1].

Kundenaufträge über Grundvarianten mit einer spezifischen Endausrüstung gehen einzeln und stark streuend ein: Die Bestellungen werden aufgrund einer exponentiellen Verteilung mit einer mittleren Zwischenankunftszeit von 15 ZE eingesteuert. Langfristig spiegeln sie allerdings eine Häufigkeitsverteilung wider, die der Programmplanung der Werkstattaufträge (s. o.) unterliegt.

4.312 Lieferterminbestimmung

Die Literatur kennt verschiedene Modi, für einen hereingenommenen Auftrag einen Liefertermin zu bestimmen. Fast allen ist gemeinsam, daß sie von dem im Auftrag enthaltenen Arbeitsvolumen ausgehen, ob es nun als Fertigungs-Lohnsumme [2], gesamte Bearbeitungszeit oder Anzahl der Arbeitsgänge [3] gemessen wird. Als 2. Einflußgröße wird die augen-

1) Allerdings wird der umgekehrte Fall einer kurzfristigen Kundenübernachfrage nach einer bestimmten Variante im Modell nicht mit seinem Einfluß auf die Produktionsprogrammänderung berücksichtigt.

2) Ellinger, Th.: Ablaufplanung, a. a. O., S. 111 ff.

3) Conway, R. W.: ... Job Lateness ..., a. a. O., S. 228. Ellinger, Th.: Durchlaufzeit ..., a. a. O., Sp. 463. VDI -Fachgruppe Betriebstechnik: a. a. O., (T 10), S. 51 f.

blickliche Auslastung der Kapazitäten berücksichtigt. Etwas genauer betrachtet stellen sich diese Zusammenhänge wie folgt dar: [1)]

Aus der Annäherung an einen 1-stufigen, 1-kanaligen Fertigungsprozeß gilt für die erwartete Durchlaufzeit $\bar{F}$:

$$\bar{F} = \frac{1}{1 - \rho} \cdot \frac{1}{\mu}$$

wobei ρ die mittlere Kapazitätsauslastung und μ die mittlere Abfertigungsrate, also den Kehrwert der mittleren Bearbeitungszeit $\bar{p}$ darstellt. Folglich gilt:

$$\bar{F} = \frac{1}{1 - \rho} \cdot \bar{p}$$

$$\frac{\bar{F}}{\bar{p}} = \frac{1}{1 - \rho} = \beta$$

Dieser "job-due-date multiplier" β [2)], also als Vielfache der Durchlaufzeit von der Bearbeitungszeit, ermittelt sich für eine angenommene mittlere Kapazitätsauslastung (s. S. 99) von ρ = 80 % daher als

$$\beta = 5.$$

Nun ist zu bedenken, daß im Modell mit Auftragsbaumstrukturen außer den warteschlangenbedingten Wartezeiten noch solche der Montagefertigung ("staging delays", s. S. 41) treten, die durch das Warten von fertigen Teilen auf ihre noch nicht fertigen Partnerteile begründet sind. Diese Tatsache muß in einer Erhöhung des Terminmultiplikators Berücksich-

1) vgl. Hoss, K.: a. a. O., S. 145.
Eversheim, W.: a. a. O., S. 112.

2) Maxwell, W.L./Mehra, M.: a. a. O., S. 246.

tigung finden [1]. Andererseits kann als Basis seiner Berechnung nicht das gesamte Bearbeitungsvolumen in Frage kommen, da die Parallelfertigung von zu montierenden Teilen von dem Zwang der sukzessiven Bearbeitung aller Arbeitsgänge enthebt; es tritt daher der kritische Weg durch die Fertigung an seine Stelle [2]. Dieser kritische Weg muß nur in seinem Maschinenbearbeitungs-, nicht Montagezeit-Anteil mit dem Terminmultiplikator multipliziert werden, da bei der unterstellten unendlichen Montagekapazität keine Verzögerungen während des Montagevorgangs selbst auftreten können. Wenn man aber weiter annimmt, daß ein Montagelos geschlossen an einem Montagearbeitsplatz abgefertigt und nicht auf mehrere Plätze aufgesplittet wird [3], bewirkt die konstante Losgröße von 3 Stück, daß die 3-fache Montagezeit eingeht. Dagegen wird für den Bearbeitungsanteil analog zu Maxwell/Mehra ein Terminmultiplikator von $\beta = 13$ angesetzt [4].

---

1) Maxwell, W. L. /Mehra, M.: a. a. O., S. 245.

2) vgl. Derselbe: a. a. O., S. 246.

3) vgl. die unterstellte Annahme der ungesplitteten Fertigung (s. S. 100).

4) Auch Maxwell/Mehra simulieren eine ca. 80-prozentige Kapazitätsauslastung, so daß die Übernahme des Terminmultiplikators von 13 gerechtfertigt erscheint, vgl. Maxwell, W. L. /Mehra, M.: a. a. O., S. 249.

Daraus erhält man folgende erwartete Durchlaufzeiten:

Nr. der Variante (1)	Bearbeitungs-volumen auf dem kritischen Weg der Teile-fertigung (2)	Multipli-kation von (2) mit $\beta = 13$ (3)	entspr. Montage-zeit bei konst. Losen = 3 (4)	gesamte erwartete Durchlauf-zeit (5) = (4) + (3)
1	12o	156o	195	1755 [1)]
2	12o	156o	261	1821
3	135	1755	3o9	2o64
4	95	1235	129	1364
5	95	1235	183	1418

Tab. 6: Ermittlung der erwarteten Durchlaufzeiten der Varianten

Der Praxis ist das Arbeiten mit von der Kapazitätsauslastung abhängigen Vielfachen der Bearbeitungszeit vertraut bei der Bestimmung des Liefertermins. Jedenfalls bei den wichtigsten Teilen wird mit "Erfahrungswerten" der Durchlaufzeit [2)] gerechnet, die mit dem Planumsatz der künftigen Periode schwanken.

Bei der Festlegung der Kundentermine müssen verschiedene Fälle unterschieden werden:

1. Falls sich ein Werkstattauftrag über Grunderzeugnisse bei Eingang der Kundenbestellung in Arbeit befindet, übernimmt der Kundenauftrag dessen Termin, sofern dieser nach Ende

---

1) Irrtümlich wurde im Simulationsexperiment eine erwartete Durchlaufzeit für Variante 1 von 1620 (statt 1755) eingegeben; diese Ungenauigkeit fällt aber nicht ins Gewicht, da sie generell in allen Simulationsläufen als gleiches Datum wiederkehrt.

2) vgl. Eversheim, W.: a. a. O., S. 116.

einer Zeitpauschale für die Fertigung der kundenspezifischen Endausrüstung liegt; wenn nicht, wird die Pauschale liefertерminbestimmend.

2. Falls noch kein Werkstattauftrag über die entsprechende Grundvariante aufgelegt ist, wird die Bestimmung des Kundentermins selbst bis zur Neuauflage des entsprechenden Werkstattauftrags hinausgezögert, und der Kundenauftrag übernimmt dann dessen Termin.

Für die Lageraufträge, deren Einsteuerung vom Erreichen eines bestimmten Lagerbestandes abhängt, wurde eine obere Wiederbeschaffungszeit definiert, die einem Dringlichkeitsbestellpunkt entspricht [1].

4.313 Rückwärtsterminierung

Die Durchlaufterminierung ermittelt - vom festgelegten Liefertermin ausgehend - retrograd die Ablieferungstermine der Teile und Gruppen. Die Literatur spricht hier auch von "Eckterminen" [2], in der Praxis ist der Ausdruck "Betriebstermin" geläufig. Im Modell verläuft die Rückwärtsterminierung lückenlos: Da zwar unbegrenzte Montagekapazität vorausgesetzt wird, aber die Grundvarianten in ungesplitteten Losen zu je 3 Stück montiert werden, subtrahiert sich stufenweise jeweils das 3-fache der Montagezeit einer Gruppe vom Termin der übergeordneten Stufe zur Errechnung des Montagetermins dieser Gruppe; am Beispiel der Variante 1 [3] bedeutet dies, daß bei einem angenommenen Liefertermin von 2000 die Gruppen Nr. 181, 188 und 195 zum Zeitpunkt 2000 - 3·30 = 1910,

---

1) s. S. 97.

2) vgl. VDI, Fachgruppe Betriebstechnik: a. a. O., (T 23), S. 43 ff.

3) vgl. Abb. 7a).

entsprechend die Gruppen Nr. 131 und 132 zum Zeitpunkt 1910 - 3·20 = 1850, entsprechend die Teile Nr. 71, 31 und 69 zum Zeitpunkt 1850 - 3·18 = 1796 abgeliefert werden müssen.

Das Modell legt allerdings keine Beginn- oder Einsteuerungstermine für die Teilefertigung fest, sondern sämtliche Teile eines Auftrages werden geschlossen zum gleichen Zeitpunkt in den Betrieb gegeben. Zwar bedeutet dies, daß Lagerteile schon bei Einsteuerung eines Grundvarianten- oder Kundenauftrags vergeben und aus dem Lagerbestand abgebucht werden, aber in der Praxis arbeitet man ziemlich unproblematisch mit einer solchen frühen Reservierung von Lagerteilen.

4.32 Die Reihenfolgeplanung innerhalb der Kapazitätsterminierung

Zusammenfassend wurde in Abschnitt 2.24, Punkt 2. über die synchronisierenden Reihenfolgeregeln ausgesagt, daß bisher eine Synchronisation über den Vergleich der Restfertigungszeiten praktiziert wurde und als Ergänzung zu einer terminabhängigen Regel eingesetzt werden sollte, um Verbesserungen zu leisten. Auf beide Eigenschaften ist nun einzugehen.

4.321 Terminmerkmale als Basis der Prioritätsregelkombination

Als terminabhängiger Basisbestandteil einer Prioritätsregelkombination wird für das Modell die Regel vorgeschlagen, die nach der kleinsten auf eine Einheit an Restfertigungszeit bezogene Pufferzeit auswählt (S/RFZ), die als die überzeugendste unter den Terminmerkmale einbeziehenden Prioritätsregeln beschrieben wurde [1]. Bei einer sicher zu erwartenden

1) s. S. 35 f.

Verspätung, also bei negativer Pufferzeit, soll aber das Terminkennzeichen beträchtlich mehr ins Gewicht fallen, und S/RFZ wird in Anlehnung an Maxwell [1] ersetzt durch eine Regel auf der Grundlage des Produktes von Pufferzeit und Restfertigungszeit (S*RFZ). Der dazwischen liegende Sonderfall einer Pufferzeit von 0 wird dabei wie der einer Pufferzeit von -1 behandelt, also mit dem einfachen negativen Wert der Restfertigungszeit.

4.322 Die Komponente der Synchronisation

4.3221 Synchronisation auf der Basis von Pufferzeiten

Hier stellt sich nun die Frage, ob für die zusätzliche Synchronisations-Komponente eine andere Basis als die der Restfertigungszeit sinnvoller sein kann. Diese Zusammenhänge seien an Abb. 9 verdeutlicht: Der Auftrag (1), bestehend aus den Teilen A und B, und der Auftrag (2), bestehend aus C und D, sollen auf ihre Vorrangigkeit hin verglichen werden. Im Fall I steht zum Zeitpunkt t_o = 100 die Fertigung von Teil A oder C auf derselben Maschine zur Auswahl. Nach einer synchronisierenden Regel auf der Basis der Restfertigungszeit hat (1) mit einem Prioritätswert von 50 Vorrang vor (2) mit einem Wert von 10, weil der Arbeitsfortschritt von A gegenüber B stärker als der von C gegenüber D nachhinkt. Zum gleichen Ergebnis kommt eine Synchronisation auf der Basis eines Vergleichs der Pufferzeiten: Wenn beide Teile von (1) zum Zeitpunkt t = 200 und beide Teile von (2) zum Zeitpunkt t = 145 fällig werden, wird (1) mit einem Prioritätswert von Syn (S) = - 50 gegenüber (2) mit Syn (S) = - 10 genauso viel dringlicher

1) Maxwell, W. L.: a. a. O., S. 8.

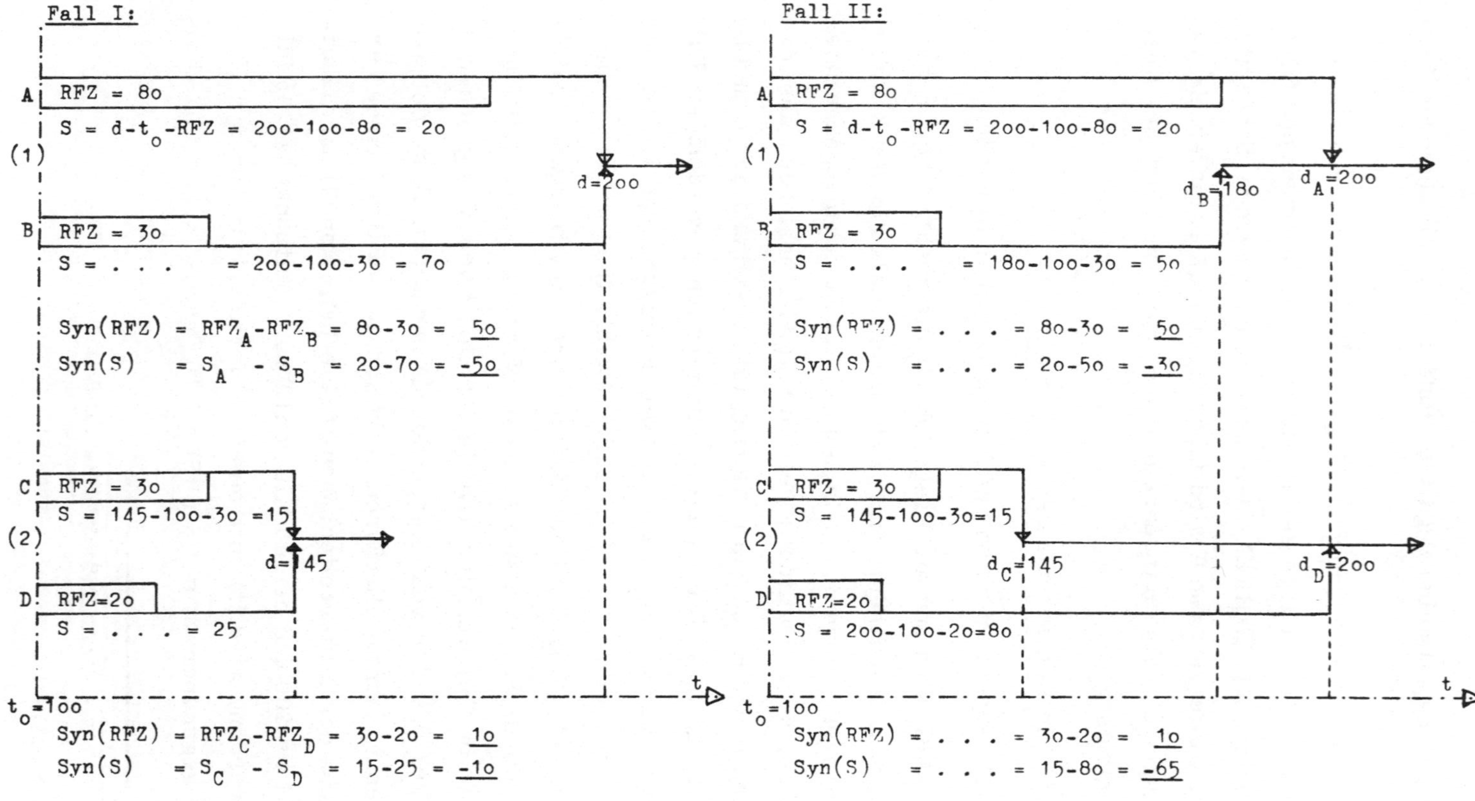

Abb. 9: Vergleich der Restfertigungszeit und Pufferzeit als Kriterium der Synchronisation

wie beim Vergleich der Restfertigungszeiten berücksichtigt. D.h. wegen Syn(S) = $S_A - S_B = d-t_o - RFZ_A - (d-t_o - RFZ_B) = -(RFZ_A - RFZ_B)$ gilt, daß die Regel, die nach der maximalen Differenz der Restfertigungszeiten der Partnerteile auswählt, genau derjenigen entspricht, die nach der minimalen Differenz der Pufferzeiten der Partnerteile vorgeht.

Verändert man nun die Prämisse der gleichen Ablieferungstermine für sämtliche Teile eines Auftrags, so kann folgendermaßen am Fall II argumentiert werden: II unterscheidet sich von I nur dadurch, daß der Solltermin von B von 200 auf 180 gesetzt wird und der von D von 145 auf 200. Syn(RFZ) bleibt natürlich davon unberührt, so daß (1) mit einem Prioritätswert von 50 wie im Fall I vor (2) mit 10 rangiert, während nach Syn(S) Auftrag (2) mit einem Wert von 65 dringlicher als (1) mit -30 geworden ist. Offensichtlich muß im Fall ungleicher Ecktermine für zu montierende Partnerteile die Synchronisation über die Pufferzeiten (oder ein anderes Terminkriterium) an die Stelle der Synchronisation über die Restfertigungszeiten treten.

Zu fragen ist nun, ob die gestreuten Ablieferungstermine zur Montage in der Praxis realistisch sind. Grundsätzlich kann man davon ausgehen, daß zunächst nur Basisteile zur Verfügung stehen müssen, während die zu montierenden Teile mehr und mehr gestaffelt angeliefert werde [1], [2].

Ein anderes Beispiel für gestreute Montagetermine ist in der Praxis mit der Großteilefertigung gegeben. Wegen ihrer überdurchschnittlich langen Durchlaufzeiten und der damit verbun-

---

1) IBM: IBM System/360 Modell 20, CLASS 20, a. a. O., S.9.

2) Im Fall einer zugänglichen Konstruktion, die kein sukzessives Bestücken der Basisteile erzwingt, erscheint diese Erklärung allerdings nicht plausibel.

denen Verspätungsgefahr widmet man den Führungsteilen, die gar nicht einmal in die gleiche Montagegruppe eingehen, automatisch eine sorgfältigere Beobachtung [1], indem ihr Arbeitsfortschritt miteinander abgestimmt wird, wenn auch eher sporadisch als systematisch.

4.3222 Synchronisation der einzelnen Teilearten

Zugleich zeigt dieses Beispiel vor allem, daß die Synchronisation einem intuitiven Interesse der Reihenfolgeplanung entgegenkommt. Ein anderer Fall, der das Bedürfnis der Praxis nachweist, in eine gemeinsame Montage mündende Teile in ihrer Fertigung zeitlich aufeinander abzustimmen, ist in den Montageanpaßarbeiten gegeben. Damit ist die Prüfung der Bearbeitung von zu montierenden Teilen gemeint, die Toleranzen kontrolliert und Feinabmessungen sicherstellt; je nach Ergebnis dieser Prüfung werden dann die Einzelteile einer weiteren Feinbearbeitung unterzogen, bevor sie endgültig montierfähig sind. Man mag etwa an die Anpassung zweier Kegelräder oder an die Abstimmung zwischen Büchse und Spindel denken.

Als konkrete Form der synchronisierenden Verkettung im Modell wird vorgeschlagen, [2]

1. die 3 Führungsteile der Hauptgruppen zu koordinieren, also am Beispiel von Variante 1 bei der Fertigung von Teil Nr. 11 den Grad der Fertigstellung der Teile 18 und 25 heranzuziehen, entsprechend bei Nr. 18 den von 11 und 25 und bei Nr. 25 den von 11 und 18;
2. die variantenspezifischen Teile an dem Führungsteil der betreffenden Hauptgruppe zu orientieren, also bei der Rei-

1) Eversheim, W.: a. a. O., S. 108.

2) vgl. zum Folgenden Abb. 7a).

henfolgeauswahl der Teile Nr. 31 und 35 (ebenfalls am Beispiel der Variante 1) Informationen über den Arbeitsfortschritt von Führungsteil Nr. 11 einzubeziehen; (wie 1. zeigt, gilt aber nicht die umgekehrte Abhängigkeit);

3. die nicht lagerhaltigen Wiederholteile an sämtliche variantenspezifischen Teile der betreffenden Hauptgruppe zu binden, was, wieder für Variante 1 bedeutet, daß Teil Nr. 69 an die Teile Nr. 31 und 35 gekoppelt wird; (auch hier gilt nicht die umgekehrte Verkettung, wie aus 2. hervorgeht).

Damit wird nur eine modellhafte Auswahl aller möglichen Interrelationen zwischen allen Teilen vorgegeben. Z.B. bleibt eine Synchronisation der Lagerteile und kundenspezifischen Teile ganz ausgeklammert; und auch die angegebenen Teilearten haben nur eine beschränkte Informationsbasis. Aber die vorgeschlagene gezielte Kopplung rechtfertigt sich durch die Konzeption, jeweils über das nächststehende, übergeordnete Teil der Teilehierarchie zu synchronisieren und die wichtigsten Teile selbst miteinander zu koordinieren. So entsteht eine Kette von Abhängigkeiten, und Entwicklungen im Arbeitsfortschritt der wichtigsten Teile pflanzen sich bis zu den unwichtigen fort.

Zur Zeitgenauigkeit der Entwicklungen im Arbeitsfortschritt ist allerdings einzuschränken, daß sich die Restfertigungszeiten und damit die Pufferzeiten der Teile in diskreten Sprüngen verändern: Sobald ein Teil zur Belegung der Maschine ausgewählt ist, vermindert sich seine Restfertigungszeit sprunghaft um die Bearbeitungszeit des gerade beginnenden Arbeitsgangs [1]. Diese Verfälschung ist jedoch geringfügig, weil ein

1) Programmiertechnisch würde eine zeitkontinuierliche Messung des Arbeitsfortschrittes zur Verwendung als Informationsbasis der Synchronisation unverhältnismäßig mehr Aufwand bedingen.

Auftrag, sobald er die Maschine belegt hat, in Hinblick auf diese gerade in Arbeit befindliche Operation keine Verzögerung mehr riskiert, da eine Unterbrechung eines Arbeitsganges ausgeschlossen wird. Im übrigen wird durch den zeitdiskreten Verlauf der Restfertigungszeit die in Abschnitt 2.12 geforderte "real-time"-artige Reihenfolgeauswahl in keiner Weise betroffen.

Die kettenförmige Synchronisation über das nächst wichtigere Teil führt zu dem Kuriosum, daß die unbedeutenden Teile am informationsaufwendigsten behandelt werden müssen; denn während die Führungsteile sich immer nur auf die 2 parallelen Führungsteile beziehen und die variantenspezifischen Teile nur jeweils von einem Führungsteil abhängen, kann es vorkommen, daß sich die Wiederholteile an 3 variantenspezifischen Teilen orientieren müssen, wie im Beispiel der Variante 3 die Teile Nr. 65 und 66 jeweils an den Teilen Nr. 43, 44 und 47.

Wie mehrfach betont, ist die Synchronisation als Zusatz zu einer terminabhängigen Regel konzipiert. Ihr Wirkungsbereich wird nun dadurch weiter eingeschränkt, daß sie überhaupt nur bei positiver Pufferzeit zum Tragen kommt. Bei sicher zu erwartender Verspätung, also bei negativer Pufferzeit, soll der massive Einsatz der terminabhängigen Komponente (S*RFZ) nicht neutralisiert werden.

Eine zusätzliche Bedingung für das Arbeiten der Synchronisation verlangt, daß die Pufferzeit des betreffenden Teils kleiner als die größte Pufferzeit unter den Teilen ist, mit denen dieses Teil synchronisiert wird. In Variante 1 kommt die Synchronisations-Komponente z.B. bei der Reihenfolgeauswahl für Teil Nr. 18 nur zum Einsatz, wenn die Pufferzeit von 18 positiv und im gegenwärtigen Augenblick kleiner als entweder die von Teil Nr. 11 oder 25 oder von beiden ist: sonst bleibt es bei der S/RFZ - Regel. Damit soll bezweckt werden, ein Teil nur dann mit der besonderen Aufmerksamkeit der Synchronisation zu behandeln, wenn es relativ zu seinen Partnerteilen im Verzug ist, nicht aber wenn es hinsichtlich des Termins das risikoloseste unter ihnen ist.

Zusammenfassend stellt sich damit die Prioritätsregelkombination für die Teile, für die überhaupt eine Synchronisation arbeitet, und unter den o.g. Bedingungen dar als:

$$PR = S/RFZ + (S - \max\{S\}) \quad \text{(für j=Index der Partner-Partnerteile)}.$$

Dabei ist aber noch der Sonderfall zu beachten, daß 1 oder mehrere Partnerteile bereits fertig bearbeitet sind, wenn der Prioritätswert für das betreffende Teil berechnet wird; dann sollte die Synchronisation besonders stark eingreifen, selbst wenn das Teil noch reichlich Puffer hat. Im Modell wird daher für den Fall, daß mindestens 1 der Partnerteile fertig ist, der Prioritätswert für das betreffende Teil, das selbst noch eine positive Pufferzeit hat, auf den halben negativen Wert der Restfertigungszeit gesetzt. Damit erscheint dieses Teil fast so dringlich wie ein anderes mit einer Pufferzeit von 0.

4.323 Das Einflechten von Lageraufträgen

Als typische Konsequenz einer Auftragsstruktur, die zugleich Einzel- und Serienfertigungs-Charakter aufweist, fallen Aufträge über Lagerteile an. Sie unterscheiden sich von den beiden anderen Auftragsarten, den Werkstatt- und besonders den Kundenaufträgen, dadurch, daß sie planbarer sind und nicht dem strengen Terminzwang unterliegen. So liegt es nahe, ihre Einschleusung in den Betrieb von der gerade herrschenden Kapazitätsauslastung abhängig zu machen, d.h. sie von Zeiten mit Belastungsspitzen der Kapazität in Zeiten der relativen Unterauslastung vorzuziehen oder aufzuschieben [1).]

Daher wurde in Abschnitt 4.234 nicht mit einer festen mittleren Wiederbeschaffungszeit für die Lagerteile gerechnet, sondern es wurden Bestellpunkte, die überreichlichen Wiederbeschaffungszeiten entsprechen, und Mindestwiederbeschaffungszeiten definiert. Während für die obere Wiederbeschaffungszeit das 8-fache des Bearbeitungsvolumens angesetzt wird [2)], rechnet der untere Schwellenwert mit dem 1,5-fachen, also mit dem technologischen Minimum zuzüglich einem geringen Sicherheitsaufschlag. Bevor dieser untere Schwellenwert erreicht ist, behält der Lagerauftrag seine ursprüngliche niedrige, extern zugewiesene Priorität, bei der er nur unter Bedingungen einer mäßigen Kapazitätsauslastung eine Chance hat, bearbeitet zu werden. Ist das Zeitintervall zwischen den

---

1) vgl. Schacht, N.: Kapazitätsausgleich durch Lageraufträge. ZwF 67/1972, S. 137 ff.
Bechte, H.: Belastungsorientierte Losgrößenrechnung bei gemischt auftraggebundener und lagergesteuerter Teilefertigung. Diss. Köln 1973.

2) Zum Vergleich: In Abschnitt 4.312 wurde ein fiktiver Terminmultiplikator für einfache Teile bei der unterstellten 80-prozentigen Kapazitätsauslastung von 5 ermittelt.

2 Schranken der Wiederbeschaffungszeit abgelaufen und also ein Dringlichkeitsbestellzeitpunkt erreicht, wird ihm extern der dringlichst mögliche Prioritätswert vorgegeben.

4.324 Die gesamte Prioritätsregelkombination

Zusammenfassend sei noch einmal das Bündel der Prioritätsregelkomponenten und die Bedingungen, unter denen sie wirken, dargestellt:

1. Für Führungsteile, variantenspezifische und nicht lagerhaltige Wiederholteile ermittelt das Modell eine Priorität von:

$$PR = \begin{cases} = S/RFZ, & \text{für } S>0; \quad S = \max\limits_{j}\{S\} \\ & (j \text{ - Index für Partnerteile}) \\ = S/RFZ + (S - \max\limits_{j}\{S\} & \text{für } S>0; \quad S < \max\limits_{j}\{S\} \\ = -\,RFZ/2, & \text{für } S>0; \quad RFZ_{j} = 0 \\ = -\,RFZ, & \text{für } S = 0 \\ = S * RFZ, & \text{für } S < 0 \end{cases}$$

2. für Lagerteile (der Grund- und Endausrüstung):

$$PR = \begin{cases} = \text{geringe extern zugewiesene Priorität,} & \text{für } t < \text{Dringlichkeitsbestellzeitpunkt} \\ = \text{maximal mögliche extern zugewiesene Priorität,} & \text{für } t > \text{Dringlichkeitsbestellzeitpunkt} \end{cases}$$

3. für kundenspezifische Teile:

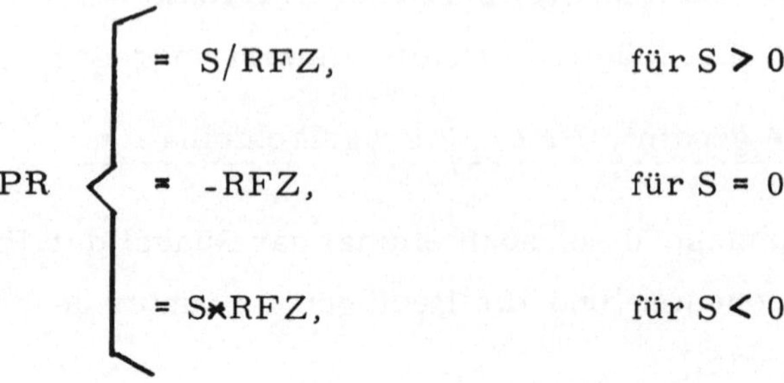

$$PR \begin{cases} = S/RFZ, & \text{für } S > 0 \\ = -RFZ, & \text{für } S = 0 \\ = S * RFZ, & \text{für } S < 0 \end{cases}$$

5. Einführung in GPSS/360 und Grundzüge der Programmierung des Simulationsmodells

5.1 Charakterisierung von GPSS/360

Bei Einordnung einer Programmiersprache nach dem Grad der Problemorientierung zeichnet sich der "General Purpose System Simulator (GPSS)", eine von der IBM geschaffene Simulationssprache (inzwischen als GPSS/360-Compiler für die Anlagen der Serien 360 und 370 implementiert), durch seinen ausgeprägten Makrocharakter aus: jeder Befehl ruft eine Subroutine auf, die wiederum eine Vielzahl interner Rechenschritte auslöst [1]. Die damit beschriebene Benutzerfreundlichkeit wird durch eine verhältnismäßige Anwendungsstarrheit erkauft, wie mitunter in Abschnitt 5. 2 gezeigt wird [2].

Die Grundkonzeption des GPSS läßt sich folgendermaßen darstellen: Bewegliche Transaktionen durchlaufen ein Netz von Bedienungseinheiten. Alle Ereignisse, die irgendwie für den Durchlauf der Transaktion durch die Bedienungsstrecke relevant sind oder von Transaktion ausgelöst werden, sind durch einen Block abzubilden [3]. Solche den Systemzustand ändernden Ereignisse sind z. B. die Auswahl eines Auftrags aus der Warteschlange das Belegen der Maschine durch den Auftrag das Verlassen der Maschine, die Messung der Wartezeit oder

---

1) Köcher, D. /Matt, G. /Oertel, C. /Schneeweiß, H.: Einführung in die Simulationstechnik. Berlin, Köln, Frankfurt 1972, S. 204, 227.

2) Emshoff, J. R. /Sisson, R. L.: a. a. O., S. 140.
Köcher, D. /Matt, G./Oertel,C. /Schneeweiß, H.: a. a. O., S. 203.

3) Derselbe: a. a. O., S. 227.
Niemeyer, G.: Die Simulation von Systemabläufen mit Hilfe von FORTRAN IV. GPSS auf FORTRAN-Basis. Berlin, New York 1972, S. 17.

Termineinhaltung eines Auftrags etc. Für jeden dieser Ereignistypen ist demnach ein Block mit einer bestimmten Funktion zu setzen: SEIZE für die Maschinenbelegung, RELEASE für das Freiwerden der Maschine, ADVANCE für das Zeitintervall der Maschinenbearbeitung etc. Diese abstrakte Struktur einer Blockstrecke gibt die Probleme eines typischen Warteschlangenflusses wieder.

Anknüpfend an die in Abschnitt 1.4 erwähnte Unterscheidung von Modellen mit fixed und variable time increments, auch mit dem synonymen Begriffspaar "Zeit" - und "Ereignissteuerung" [1] ausgedrückt, ist GPSS ein Beispiel für variablen Zeitfortschritt bzw. Ereignissteuerung : eine automatische Zeitkontrolle sorgt dafür, daß immer der Zeitpunkt des nächst fälligen Ereignisses errechnet und listenmäßig geführt wird. Die Rechenschritte eines Ereignisses selbst, ebenso wie die Bewegung der Transaktion von Block zu Block sind zeitlos.

Über Parameter können Daten aus dem Datenteil eines GPSS-Jobs (z.B. Arbeitspläne, Anzahl der Partnerteile eines Teils, Nr. der übergeordneten Baugruppe u.a.) oder Informationen über den augenblicklichen Systemzustand (z.B. die augenblickliche Pufferzeit eines Teils u.a.) oder Zufallswerte, die bestimmten Wahrscheinlichkeiten unterliegen, (z.B. die Anzahl von Endausrüstungs-Teilen u.a.) einer Transaktion, d.h. einem Auftrag zugewiesen werden. Besonders die Speicherbarkeit des aktuellen Systemzustandes gestattet die "Dynamisierung" [2] der Steuerung der Transaktionen durch die Blockstrecke. Ähnlich benutzerfreundlich ist die Möglichkeit der

---

1) Niemeyer, G.: Die Simulation . . . , a. a. O., S. 38.

2) IBM: General Purpose Simulation System/360. User's Manual. GH-20-0326-4. 5. Aufl., White Plains/N.Y. 1970, S. 30 .

"indirekten Adressierung": damit kann irgendeine 2-stufige Abhängigkeit im Modell von der Form t = f(u) mit u = g(v) vereinfacht dargestellt werden als t = f(u(v)); durch diese kompakte Formulierung kann die Länge eines Programms oft erheblich gekürzt werden [1].

Schließlich ist unter den allgemeinen Beobachtungen von GPSS hervorzuheben, daß standardmäßig umfangreiche Statistiken über die Simulation ausgegeben werden (mittlere, maximale und augenblickliche Warteschlangenlänge, mittlere Wartezeit etc. entsprechende Ausdrucke über die Maschinen u. a.) vom Benutzer anzufordernde Tabellen, Histogramme etc. ergänzt werden können.

5.2 Einige Besonderheiten der Programmierung des Modells

5.21 Die Koordinierung zwischen Kunden- und Werkstattaufträgen

Das GPSS-Programm des Simulationsmodells soll in seinen wichtigsten Komplexen hier beschrieben werden.[2] Dabei ist zunächst auf das Zusammenspiel von Kunden- und Werkstattaufträgen einzugehen.

Kundenaufträge werden mit einer exponentiell verteilten Zwischenankunftszeit mit dem Mittelwert 15 erzeugt (Block 1). Unabhängig davon werden die einzelnen Varianten als Werkstattaufträge gleichverteilt um ihren jeweiligen Mittelwert der Zwischenankunftszeit eingesteuert, und zwar so, daß die Häufigkeitsverteilung der Varianten [3] repräsentiert wird (Bl. 6-19). Am Beispiel der Variante 1 erkennt man ein mittleres

---

1) Gordon, G.: a. a. O., S. 232 f.

2) Zum Folgenden s. A-4 (Anhang), S. 168 ff.

3) s. Tab. 2.

Ankunftsintervall von 150 (Bl. 6), welches sich unter Beachtung der konstanten Losgröße von 3 Stück als Ankunftsintervall pro Stück von $\frac{150}{3}$ = 50 interpretieren läßt; daraus resultiert ein Häufigkeitsanteil der Variante 1 von $\frac{15}{50}$ = 30 %.

Jeder für die einzelnen Varianten aufgelegte Werkstattauftrag wird nun als Zugang von 3 Stück in eine Liste der in Arbeit befindlichen und noch nicht für Kundenbestellungen reservierten Aufträge gebucht (Bl. 20-40), und zwar in die Matrix 2, Sp. 4; parallel wird in Spalte 3 der Solltermin des Loses abgespeichert. Sollte das Vorlos der gleichen Variante noch nicht vollständig den Bestelleingängen zugewiesen worden sein, wird alternativ zu Sp. 4 die Sp. 5 oder 9 herangezogen, entsprechend für den Termin alternativ zu Sp. 3 die Sp. 6 oder 10.

Auf der anderen Seite bucht jeder eingehende Kundenauftrag von dem in Arbeit befindlichen Werkstattauftrags-Volumen 1 Stück ab (Bl. 470-505): er versucht zunächst diese Reservierung aufgrund des Bestandes in Matrix 2, Sp. 4; findet er dort nichts mehr vor, versucht er es in Sp. 5 oder schließlich in Sp. 9. Kann die Kundenbestellung in keiner der 3 Spalten mit einem in Arbeit befindlichen Auftrag koordiniert werden, wird sie festgehalten (Bl, 478), bis eine entsprechende Variante als Werkstatt-Los wieder aufgelegt ist (Bl. 26). Wenn sie koordiniert werden kann, übernimmt sie auch den entsprechend abgespeicherten Termin als Liefertermin, sofern er mindestens eine Frist von 100 ZE zur Fertigung der Kundenausrüstung zuläßt; ist diese Pauschale als Frist nicht mehr möglich, erhält die Kundenbestellung einen um diese Pauschale korrigierten Liefertermin (V 16 in Bl. 496). Um die Reihenfolge der Auftragseingänge bei der Koordinierung zu berücksichtigen, ist eine ziemlich umständliche Umspeicherung des aktuellen in Arbeit befindlichen Auftragsbestandes erforderlich: Sobald Sp. 4 leer ist, wird das als nächstes eingegangene Los dorthin umgespeichert.

Liegt eine zeitweilige Unternachfrage nach bestimmten Varianten vor, so daß ein neu aufgelegter Werkstattauftrag in allen 3 Spalten von Matrix 2 (Sp. 4, 5 und 9) noch nicht durch Kundenaufträge abgebuchte Stücke vorfindet, wird er zunächst zurückgehalten (Bl. 26) und erst weiter in den Betrieb eingesteuert, wenn wenigstens die 1. der 3 Spalten ganz abgebucht ist (Bl. 487) [1].

Eine weitere Koordinierung wird zwischen Grundauftrag und Endausführung nötig. Wenn das Los über die Grundausführung einer Variante fertig geworden ist, wird dies in Matrix 2, Sp. 8 als Zugang von 3 Stück zu den fertigen Grundvarianten festgehalten (Bl. 465). Die gesamte Endausführung bucht von dieser Fortschreibung 1 Stück ab; sind keine Grundvarianten fertig, wird die Endausrüstung gesperrt (Bl. 563), bis neue Grundlose fertig werden (Bl. 466).

5.22 Die Verzweigung der Auftragsstruktur

Die Bedarfsauflösung einer aufgelegten Werkstattvariante soll am Beispiel der Verzweigung auf die 1. Stufe gezeigt werden (Bl. 178-183). Der Gruppe Nr. 186 in Variante 4 [2] wird z.B. in Parameter 31 ihr eigener Montagetermin aus der Rückwärtsterminierung aufgeprägt. Von Nr. 186 werden dann so viele zusätzliche Kopien abgesplittet, wie der Inhalt des Zäh-

---

1) vgl. Abschnitt 4.311.

2) s. Abb. 7d).

lers XH*10 = XH186 angibt; in diesem Fall also 1 Kopie. Dank der Fähigkeiten des SPLIT-Blocks wird das Original über den Laufparameter 3 mit 1 und alle weiteren Kopien mit 2 usw. fortlaufend indiziert. Damit können die einzelnen Kopien und das Original identifizierbar gemacht werden: Die Funktion 186 ordnet ihnen in Par. 11 die Nr. 142 und 14 zu. Wenn damit schon die Teileebene erreicht ist, wenn also P 11 = P 50 nicht über 100 hinausgeht (wie hier im Beispiel für das Teil Nr. 14), dann wird dem Teil die Stufe aufgeprägt, auf der es in den Auftrag eingeht (Bl. 195-199), hier für Teil Nr. 14 also die 1. Stufe. Wenn die Teileebene aber noch nicht erreicht ist, wird die entsprechende Gruppe (hier also Gruppe Nr. 142) zur weiteren Verzweigung auf die 2. Stufe geschickt.

5.23 Die Synchronisation

Der GPSS enthält den Nachteil, daß beim Durchschleusen einer Transaktion durch die Blockstrecke nicht direkt eine beliebige andere Transaktion angesprochen werden kann [1]. Diese Möglichkeit ist aber gerade für die Synchronisation entscheidend: Zu einem beliebigen Zeitpunkt muß z.B. die Pufferzeit eines Partnerteils abfragbar sein. Für die Programmierung in GPSS bietet sich der Umweg an, die Restfertigungszeit jedes Teils abzuspeichern und jeweils fortzuschreiben, wenn das Teil zu einem Arbeitsgang auf eine Maschine gekommen ist [2].

---

1) vgl. IBM: General Purpose . . . (GPSS), a. a. O., S. 53.

2) Die auf S. 111 erwähnte sprunghafte, zeitdiskrete Messung der Restfertigungszeit hat ihre Ursache darin, daß der Umweg über abgespeicherte Informationen der Partnerteile als Ersatz für den direkten Zugriff auf diese Partnerteile gewählt wird.

Aus diesem Grund werden einem Auftrag je 2 bestimmte von 80 möglichen Spalten der Matrix 5 fest reserviert (Bl. 47-166, 170); sollten alle 40 Spaltenpaare gleichzeitig besetzt sein, wird der Auftrag zunächst festgehalten (Bl. 167), bis wieder ein Spaltenpaar bei Fertigwerden eines Werkstattauftrag frei wird (Bl. 464, 468, 45 f.).

In der 1. Spalte erscheinen die Solltermine der Teile eines Auftrags, in der zweiten die Restfertigungszeiten (Bl. 168 f.; 243 f.). In Bl. 204 - 228 wird jedem Teil, für das die Synchronisation eingesetzt wird (Teile Nr. 11-70), die Nr. des bzw. der Partnerteile in Par. 41-43 zugeordnet.

Die eigentliche Maschinenbearbeitung einschl. der Reihenfolgeauswahl ist in der Blockstrecke 245 - 276 wiedergegeben. Weil auf der Basis der Pufferzeit synchronisiert wird, ist die Berechnung der Priorität zeitabhängig [1]; damit eine "real-time"-artige Neuberechnung der Priorität der Aufträge in der Warteschlange möglich wird, muß der die Maschine freigebende Auftrag solange zum gleichen Simulationszeitpunkt festgehalten werden (Bl. 270 - 273), bis alle Prioritäten neu berechnet sind (Bl. 287 - 345) und die Aufträge in neuer Ordnung wieder in der Warteschlange stehen [2].

Die Neuberechnungen der eigentlichen Synchronisations-Komponente (Bl. 290 - 323) wird dadurch kompliziert, daß die ein-

---

1) vgl. Schmitz, P.: Zur Behandlung simulationszeitabhängiger Warteschlangendisziplinen mit der Simulationssprache GPSS. Angewandte Informatik 1/1971, S. 31 ff.
Schmitz, P. / Minnemann, J.: Ein GPSS - Programm zur Auftragsfertigung bei zeitabhängiger Priorität der Aufträge. Angewandte Informatik 1/1971, S. 69 ff.

2) vgl. Schmitz, P.: a. a. O., S. 33 f.

zelnen Teilearten auf unterschiedlich viele Partnerteile Bezug zu nehmen haben und zusätzlich die Anzahl der Partnerteile der Wiederholteile zwischen 1 und 3 variieren kann. Zunächst muß jeweils festgestellt werden, ob mindestens eine der Pufferzeiten der Partnerteile größer als die eigene Pufferzeit ist. Ist das nicht der Fall, so wird die normale Priorität der Basis-Komponente zugewiesen (Bl. 324); ist das der Fall, so wird die (negative) Differenz aus der eigenen Pufferzeit und der größten Pufferzeit der Partnerteile zu der Basis-Komponente addiert (Bl. 320). Wenn aber mindestens eins der Partnerteile schon beendet ist, wird das betreffende Teil besonders beschleunigt (Bl. 322).

5.24 Die Montage

Die fertigen, zu montierenden Teile werden zuvor nach den Stufen sortiert, auf denen sie ins Erzeugnis eingehen (Bl. 352); die Stufe eines Teils war ja bei der Verzweigung der Auftragsstruktur [1] gespeichert worden. Von dem Stufenverteiler aus werden z.B. die Teile der 3. Stufe durch Bl. 353 aufgrund von Funktion 6, d.h. entsprechend der Nr. der übergeordneten Gruppe alternativ in die verschiedenen Sammelstellen (Bl. 354, 356, . . . , 366) geschickt. Entsprechend enthält Bl. 370 - 426 alle Gruppen-Nr., zu denen die Teile und Gruppen auf der 2. Stufe montiert werden, und entsprechend Bl. 430 - 458 für die Teile und Gruppen auf der 1. Stufe.

Auch dieser Programmteil erscheint aufwendig, und es zeigt sich wieder der Mangel, in GPSS nicht auf eine andere Transaktion zugreifen zu können. So liefert der ASSEMBLE-Block

---

1) s. Abschnitt 5.22.

eben nicht die Möglichkeit, die Nr. der zu montierenden Teile, sondern nur deren Anzahl anzusprechen [1].

Die eigentliche Montagezeit beginnt erst, wenn alle Partnerteile zusammen sind (Bl. 367, 427 und 459); sie streut gleichverteilt um einen Vorgabewert. Schließlich münden die jeweils 3 Hauptgruppen auf der 0.Stufe in die Grundmontage des Erzeugnisses (Bl. 461 - 462).

5.25 Sonstige Besonderheiten

Da die Wiederholteile in ihrer Verwendung in einer bestimmten Variante erfaßt werden müssen, sind sie nicht direkt unter ihrer Nr. adressierbar, sondern über die Funktionen 61 ff. wird ihre Verwendungsweise identifiziert: So gibt z.B. Funktion 61 an, daß das Teil Nr. 61 bei Auftreten in Variante 4 über Nr. 71, bei Auftreten in Variante 5 über Nr. 81 für bestimmte Zwecke ansprechbar ist.

Der mit dem Arbeitsstundeneinsatz gewichtete Wert, der im Betrieb lagert [2], geht aus Storage 1 bzw. 4 hervor: Storage 1 nimmt den Wert auf, solange sich ein Teil noch in Arbeit befindet; nach der letzten Maschinenbearbeitung wird sein kumulierter Wert aus Storage 1 in Storage 4 umgespeichert. Der Anfangsbestand an Lagerteilen zu Beginn einer Simulation wird mit 1480 [3] in Bl. 4 eingespeichert. Bei Fertigstellung des gesamten Enderzeugnisses verläßt der Auftrag mit sei-

1) vgl. IBM: General Purpose . . . (GPSS), a. a. O., S. 88.

2) vgl. Abschnitt 1.211.

3) vgl. Tab. A-1 (Anhang), S. 164 f.

nem kumulierten Wert den Storage 4 (Bl. 574). Daher ist aus der statistischen Ausgabe über die Storages 1 und 4 der "average contents" [1] als das pro Zeiteinheit gebundene Fertigungskapital ablesbar.

---

1) vgl. Tab. A-5 (Anhang), S. 196 f.

6. Beschreibung des Simulationsexperiments

6.1 Hypothesen

Die in Abschnitt 2.233 und 2.234 dargestellten Modelle haben die Synchronisation den einfachen Prioritätsregeln gegenübergestellt, "that have performed well in previous investigations" [1), wie etwa SPT oder S/OPN oder Kombinationen aus beiden [2) oder analogen Formulierungen (z. B. S*OPN [3) oder COVERT [4)). Die synchronisierenden Regeln waren dabei als Zusatz zu einer Pufferzeit-Komponente eindeutig erfolgreich [5), wenn auch in Anbetracht des unverhältnismäßigen Informationsaufwandes die Frage nach der Wirtschaftlichkeit gestellt werden müßte [6): "This family of rules uses the maximum amount of information and they may not be of too much practical use" [7).

Wie in Abschnitt 2.24, Punkt 3. zusammenfassend betont worden ist, wurden die Experimente mit der Synchronisation am Beispiel von abstrakten, modellhaften Einzelfertigungs-Strukturen der Aufträge geführt. Das Simulationsmodell dieser

---

1) Maxwell, W. L.: a. a. O., S. 14.

2) Conway, R. W.: . . . . Job Lateness . . . . , a. a. O., S. 228 ff.
Maxwell, W. L./Mehra, M.: a. a. O., S. 253.

3) Maxwell, W. L. a. a. O., S. 14 ff.

4) Carroll, D. C.: a. a. O.

5) Maxwell, W. L./Mehra, M.: a. a. O., S. 253.

6) Derselbe: a. a. O., S. 254.
Hoch, P.: Betriebswirtschaftliche ..., a. a. O., S. 125.

7) Maxwell, W. L./Mehra, M.: a. a. O., S. 252.

Arbeit begründet sich daher damit, die Ergebnisse von Maxwell und Maxwell/Mehra unter Bedingungen eines praxisorientierten Auftragsgeschehens zu verifizieren. Praxisorientiert meint zweierlei:

1. Die Modelle sollen nicht idealisiert, sondern am Befund in der industriebetrieblichen Wirklichkeit orientiert sein und

2. den häufigeren Fall einer Zwischenform von Einzelfertigungs- und Wiederholelementen statt der willkürlichen, extremen Einzelfertigung zugrundelegen.

Dieser letztere Punkt bedingt, daß die strenge Terminbindung nur für die Kundenaufträge gilt, während die Werkstatt- und noch mehr die Lageraufträge Terminverschiebungen in mehr oder weniger engen Grenzen verkraften können. Damit erhöht sich der Freiheitsgrad der Planung, insbesondere auch der Reihenfolgeplanung, wenn die Vereinheitlichungselemente mit einbezogen werden: "Mit der Vermehrung der vielseitig verwendbaren Elemente wird die Elastizität der Planung des zeitlichen Ablaufs erhöht" [1]. Damit stellt sich zugleich die Frage, ob die Synchronisation im Verhältnis zu den einfachen, wirkungsvollen Regeln nicht an Effizienz verliert gegenüber einem Modell mit strengerer Terminbindung.

Schließlich ist dieses Simulationsmodell aus einem zweiten Grund gerechtfertigt: Es soll die Synchronisation auf der Basis der Puffer- statt Restfertigungszeiten demonstriert werden, denn durch diese Basis wird der allgemeinere Fall der gestaffelten Anlieferung zur Montage [2] korrekt wiedergegeben.

---

1) Ellinger, Th.: Ablaufplanung, a. a. O., S. 65.

2) vgl. Abschnitt 4.3221.

6.2 Ablauf des Simulationsexperiments und Ergebnisse

6.21 Laufbedingungen und Messungen

Jeder Simulationslauf läßt zunächst 100 Kundenaufträge, (die ja ihrerseits insgesamt mehr als 2.000 Teile repräsentieren), als Vorlauf fertigen, damit ein von Anfangswertfehlern freier, eingeschwungener Zustand erreicht wird [1]. Erst dann werden für die weiteren 100 Kundenaufträge die Ergebnisse gemessen, und zwar als Zwischenstatistik nach der Fertigung von 50 und als Endstatistik nach der Fertigung der gesamten 100 Kundenaufträge.

Vergleichbarkeit von Läufen mit verschiedenen Prioritätsregeln verlangt ein gleiches "Verkehrsgeschehen" [2], also die gleiche Häufigkeitsverteilung der eingehenden Aufträge mit gleichen Daten. Die eingegebenen Verteilungen werden in den einzelnen Läufen auch annähernd repräsentativ und gleich durch Zufallszahlenfolgen wiedergegeben [3] (Zeitpunkt und Varianten-Nr. der eingesteuerten Aufträge, die Zahl und Art der Endausrüstungs-Teile, Streuung der Montagebearbeitungszeiten und andere stochastische Elemente), aber es sind auch Verzerrungen der unterstellten Verteilungen beobachtet worden [4], die die Aussagekraft und Interpretation der Ergebnisse hindern.

Wie in Abschnitt 1.21 hergeleitet, werden folgende Zielgrößen jeweils miteinander verglichen:

---

1) vgl. z.B. Emshoff, J.R./Sisson, R.L.: a. a. O., S. 190 ff. s. auch S. 31.

2) Niemeyer, G.: Die Simulation . . . , a. a. O., S. 229.

3) vgl. S. 24.

4) s. dazu Abschnitt 6.25.

1. der mittlere Zwischenlagerbestand ($\overline{LB}$),

2. die mittlere Kapazitätsauslastung über alle 9 Maschinengruppen ($\overline{C}$),

3. die mittlere Termineinhaltung ($\overline{L}$) und

4. die mittlere bedingte Terminverspätung ($\overline{T}_c$).

ad 1.: Der Ausdruck ($\overline{LB}$) wird außerdem noch aufgegliedert in die Zwischenlagerung der Teilefertigung ($\overline{LB}_F$) und die der Montage ($\overline{LB}_M$). Durch diese Differenzierung kann die Wirkungsweise der Synchronisation besser verdeutlicht werden; denn es kann erwartet werden, daß diese sich vor allem in einer Senkung von $\overline{LB}_M$ auswirkt, da sie die montagebedingte Wartezeiten zu vermeiden sucht.

Es muß darauf hingewiesen werden, daß die Lagerung eines Teiles vor Arbeitsbeginn, d.h. seine Lagerung vor der Maschine seines 1. Arbeitsganges, nicht in den mittleren Zwischenlagerbestand eingeht ; weil aber diese Ungenauigkeit gleichmäßig in alle Läufe eingeht, ist keine Verfälschung der Ergebnisse zu befürchten.

ad 3. und 4.: In sämtlichen Läufen ist aufgrund der großzügigen Terminsetzung und der relativ schwach ausgelasteten Maschinengruppen keine einzige Kundenauftrags - Terminüberschreitung aufgetreten; Ergebnisse für $\overline{T}_c$ liegen also nicht vor, und die Ergebnisse für $\overline{L}$ haben hohe negative Werte. Eine Vergrößerung des absoluten Betrages von $\overline{L}$ ist demnach als Verbesserung zu interpretieren.

Weil kein Oberziel formuliert ist, und weil überhaupt das Problem des Zielverhältnisses ausgeklammert wird [1], wird im Folgenden im einzelnen abgewogen, bei welcher Zielsetzung die Prioritätsregeln Vor- und Nachteile ergeben.

---

1) vgl. Abschnitt 1.224.

6.22 1. Experimentserie [1)]

Die Basisserie von Simulationsläufen legt als Hauptkomponente die S/RFZ-Regel, d.h. die Puffer- oder Schlupf-je-Restfertigungszeit-Regel, zugrunde. Die ersten beiden Läufe folgen damit der in Abschnitt 4.324 geschilderten gesamten Prioritätsregelkombination, wobei der erste Lauf ohne den Synchronisations-Summanden $(S-\max_j\{S\})$ arbeitet.

Wie die Ergebnisse in Tab. 7 zeigen, ist die erwartete leichte Reduktion des Montage-Lagerbestandes ($\overline{LB}_M$) erkennbar, allerdings zu Lasten einer Erhöhung des Bestandes in der Fertigung ($\overline{LB}_F$), so daß sich beide Läufe im mittleren Gesamtlagerbestand ($\overline{LB}$) kaum unterscheiden. Auch die Unterschiede hinsichtlich der Kapazitätsauslastung ($\overline{C}$) und der Termineinhaltung ($\overline{L}$) fallen praktisch nicht ins Gewicht.

Dieses Ergebnis der relativen Unwirksamkeit der Synchronisation führt zu der Überlegung, daß die Gewichtung der Synchronisations-Komponente, die im 2. Lauf 1 = 100 % betrug, von Einfluß sein könnte.

Wenn man bedenkt, daß die Synchronisation vor allem bei den Führungsteilen zum Zuge kommt (denn dabei werden gleichgeordnete Partnerteile mit den größenordnungsmäßig in etwa gleichen Pufferzeiten in Beziehung gesetzt, während bei den anderen Teilearten die Bezugsteile wertvoller und damit mei-

---

1) Sämtliche Simulationsläufe wurden auf einer Rechenanlage IBM 370/165 des Zentralinstitutes für angewandte Mathematik der Kernforschungsanlage Jülich GmbH durchgeführt. An dieser Stelle sei dem Seminar für allgemeine und industrielle Betriebswirtschaftslehre und dem Rechenzentrum Universität zu Köln herzlich dafür gedankt, daß dem Verf. die erforderliche Rechenzeit zur Verfügung gestellt wurde.

Zielgrößen / Simulationsläufe	mittlerer Zwischenlagerbestand in der Fertigung ($\overline{LB}_F$)	mittlerer Zwischenlagerbestand in der Montage ($\overline{LB}_M$)	mittlerer Zwischenlagerbestand insgesamt ($\overline{LB}$)	mittlere Kapazitätsauslastung ($\overline{C}$)	mittlere Termineinhaltung ($\overline{L}$)
(1) S/RFZ	4.922	21.9o6	26.828	8o,4 %	-1.o74
(2) S/RFZ +Syn*1oo%	4.988	21.741	26.729	8o,6 %	-1.o69
± (%)			+ o,4	+ o,1	- o,5

Tab. 7: Ergebnisse der Läufe (1) und (2) [1)]

stens von kürzerer Pufferzeit sind), und daß die Differenz von 2 Führungsteil-Pufferzeiten leicht 60 ZE betragen kann (denn die Restfertigungszeit eines Führungsteil-Loses nimmt mit Beginn jedes Arbeitsganges sprunghaft im Durchschnitt um 60 ZE ab), so erkennt man, daß das Synchronisations-Glied näherungsweise 10-mal so groß wie die Basis-S/RFZ-Komponente ist (denn man hat mit einem S/RFZ-Wert bei Arbeitsbeginn an einem Führungsteil-Los von ca. (1.500 - 300)/300 = ca. 4 und bei günstiger schnellster Fertigung gegen Ende von ca. (1.200 - 45)/45 = ca. 25 zu rechnen).

---

1) Die Zeile mit der Bezeichnung ± (%) gibt die prozentuale Verbesserung (+) bzw. Verschlechterung (-) der Zielerfüllung der Regel in Lauf (2) gegenüber der in Lauf (1) an.
Beispielhaft können die Ergebnisse für Regel (1) S/RFZ im relativen Original-Output, (s. A-5 / Anhang) verfolgt werden: $\overline{LB}_F$ als "average contents" von Storage 1, $\overline{LB}_M$ als average contents von Storage 4, $\overline{C}$ als durchschnittlicher average contents der Storage 11-19 und $\overline{L}$ als "mean argument" von Table 3 (S. 196 f.).

Daher wird mit Lauf (3) eine Gewichtung des Synchronisations-Gliedes von 10 % versucht.

Simulationsläufe \ Zielgrößen	mittlerer Zwischenlagerbestand in der Fertigung ($\overline{LB}_F$)	mittlerer Zwischenlagerbestand in der Montage ($\overline{LB}_M$)	mittlerer Zwischenlagerbestand insgesamt ($\overline{LB}$)	mittlere Kapazitätsauslastung ($\overline{C}$)	mittlere Termineinhaltung ($\overline{L}$)
(1) S/RFZ	4.922	21.9o6	26.828	8o,4 %	-1.o74
(3) S/RFZ + Syn*1o%	4.6o7	21.287	25.894	77,8 %	-1.1o8
± (%)			+ 3,8	- 3,3	+ 3,1

Tab.8: Ergebnisse der Läufe (1) und (3)

Die Verbesserung hinsichtlich der Zwischenlagerung ($\overline{LB}$) und der Termineinhaltung ($\overline{L}$) ist bei dieser Gewichtung tatsächlich relevant, allerdings fällt auch die Verschlechterung der Kapazitätsauslastung ($\overline{C}$) auf.

6.23 2. Experimentserie

In dieser Versuchsreihe wurde eine andere Basiskomponente zugrundegelegt. An die Stelle des bisherigen Stammgliedes in der Prioritätsregelkombination S/RFZ tritt nun die mit der Bearbeitungszeit gewogene, auf die Restfertigungszeit bezogene Pufferzeit, also S/RFZ*SPT. Plausiblerweise fällt damit bei einer kleinen relativen Pufferzeit (S/RFZ) die Bearbeitungszeit des Arbeitsganges ins Gewicht. Dadurch wird der dominierende Einfluß der Terminbezogenheit etwas neutralisiert und durch die Eignung der SPT-Regel für Engpaßsituationen ergänzt [1]. Allerdings könnte auch gerade gegenteilig argumentiert werden, daß nämlich ein Auftrag eher bei reichlichem Puffer durch seine Bearbeitungszeit und bei knappem Puffer durch eben diese Pufferzeit profiliert werden sollte.

1) vgl. v. Falkenhausen, H.: Arbeitsverteilung. . ., a. a. O., S. 97 ff.
vgl. S. 36.

Die Erwartungen an diese Regelkombination sind also nicht eindeutig.

Um einen im Durchschnitt mit S/RFZ vergleichbaren quantitativen Prioritätswert zu erhalten, wird der Ausdruck noch durch 10 dividiert, so daß die Basis-Komponente lautet: S/RFZ * SPT / 10. Zunächst werden in den Läufen (4) und (5) diese Basisregel und die um den 100-prozentigen Synchronisations-Summanden ergänzte Regel einander gegenübergestellt. Zum Vergleich ist auch der Basislauf der 1. Serie (1) mit angegeben:

Zielgrößen / Simulationsläufe	mittlerer Zwischenlagerbestand in der Fertigung ($\overline{LB}_F$)	in der Montage ($\overline{LB}_M$)	insgesamt ($\overline{LB}$)	mittlere Kapazitätsauslastung ($\overline{C}$)	mittlere Termineinhaltung ($\overline{L}$)
(4) $S/RFZ*\frac{SPT}{10}$	4.568	22.156	26.724	79,1 %	-1.042
(5) $S/RFZ*\frac{SPT}{10}$ +Syn*100%	4.589	21.702	26.291	78,3 %	-1.061
± (%)			+ 1,8	- 1,0	+ 1,9
(1) S/RFZ	4.922	21.906	26.828	80,4 %	- 1.074

Tab. 9: Ergebnisse der Läufe (4) und (5)

Bei einem Vergleich der Basis-Anteile der beiden Experimentserien fällt als Tendenz auf, daß der Lagerbestand in der Fertigung ($\overline{LB}_F$) bei (4) deutlich günstiger als bei (1) wird, während umgekehrt sich der Bestand in der Montage ($\overline{LB}_M$) verschlechtert, so daß das Nettoergebnis des mittleren Gesamtlagerbestandes ($\overline{LB}$) sich schwach zu Gunsten von S/RFZ $*\frac{SPT}{10}$ entwickelt. Dagegen schneidet (1) deutlich besser in Bezug auf die mittlere Termineinhaltung ($\overline{L}$) als (4) ab, desgleichen schwach besser in Bezug auf die mittlere Kapazitätsauslastung ($\overline{C}$).

Angesichts der also nicht ganz befriedigenden Basis dieser 2. Experimentserie ist die Verbesserung von Lauf (5) mit Synchronisation gegenüber Lauf (4) ohne Synchronisation nicht sehr beeindruckend. Wieder liegt eine Variation des Gewichtes der Synchronisation nahe: zunächst versucht Lauf (6) eine Gewichtung von 10 %. Auch dieser Lauf überzeugt nicht ganz: zwar schlägt eine hohe Kapazitätsauslastung zu Buche (die höchste in allen Läufen aller Experimente) und eine noch bessere Termineinhaltung als bei (5), aber hinsichtlich des Lagerbestandes, besonders hinsichtlich $\overline{LB}_F$, enttäuscht diese Regel. Bei Lauf (7) wird mit einer Gewichtung von 30 % gearbeitet:

Zielgrößen / Simulationsläufe	mittlerer Zwischenlagerbestand in der Fertigung ($\overline{LB}_F$)	in der Montage ($\overline{LB}_M$)	insgesamt ($\overline{LB}$)	mittlere Kapazitätsauslastung ($\overline{C}$)	mittlere Termineinhaltung ($\overline{L}$)
(4) S/RFZ*SPT/1o	4.568	22.156	26.724	79,1 %	-1.042
(6) S/RFZ*SPT/1o + Syn*1o%	5.075	22.106	27.181	82,5 %	-1.068
± (%) zu (4)			- 1,8	+ 4,2	+ 2,5
(7) S/RFZ*SPT/1o + Syn*3o%	4.707	21.429	26.136	80,1 %	-1.061
± (%) zu (4)			+ 2,3	+ 1,2	+ 1,8

Tab. 1o: Ergebnisse der Läufe (6) und (7)

Mit dieser Gewichtung von 30 % wird eine uneingeschränkte Verbesserung gefunden. Im Vergleich zur 1. Serie scheint ein größeres Synchronisations-Gewicht erforderlich.

Die Erwartung, die an die 2. Serie anknüpfte, daß bei Unterstützung der Terminkomponente durch einen SPT Einfluß Verbesserungen möglich sein müßten, hat sich insoweit bestätigt, als konsequenterweise der in der Fertigung gebundene Zwischenlagerbestand unter dem SPT-Einfluß sinkt; aber ebenso konsequenterweise hat sich durch die Minderung der Terminwirkung der Wartebestand in der Montage und die mittlere Termineinhaltung verschlechtert. In der 3. Serie wird eine additive statt multiplikative Verknüpfung beider Basis-Faktoren untersucht, um diesem Mangel abzuhelfen.

6.24 3. Experimentserie

Der Basisausdruck S/RFZ+SPT wird als Lauf (8) einem Synchronisations-Gewicht von 50 % (Lauf (9)) und einem solchen von 10 % (Lauf (10)) gegenübergestellt, wobei wieder aus Vergleichbarkeitsgründen mit den anderen Experimentserien die Gewichtsverteilung innerhalb der Basis einen SPT-Anteil von 20 % zugrundelegt; der Basis-Ausdruck lautet also: S/RFZ + SPT/5.

Zielgrößen / Simulationsläufe	mittlerer Zwischenlagerbestand in der Fertigung ($\overline{LB_F}$)	mittlerer Zwischenlagerbestand in der Montage ($\overline{LB_M}$)	mittlerer Zwischenlagerbestand insgesamt ($\overline{LB}$)	mittlere Kapazitätsauslastung ($\overline{C}$)	mittlere Termineinhaltung ($\overline{L}$)
(8) $S/RFZ+\frac{SPT}{5}$	4.51o	21.788	26.298	77,7 %	-1.o49
(9) $S/RFZ+\frac{SPT}{5}$ + Syn*5o%	4.732	21.528	26.26o	8o,1 %	-1.o71
± (%) zu (8)			+ o,1	+ 3,o	+ 2,1
(1o) $S/RFZ+\frac{SPT}{5}$ + Syn*1o%	4.783	21.635	26.418	8o,4 %	-1.1oo
± (%) zu (8)			- o,5	+ 3,4	+ 4,9
(1) S/RFZ	4.922	21.9o6	26.828	8o,4 %	-1.o74
(4) $S/RFZ*\frac{SPT}{1o}$	4.568	22.156	26.724	79,1 %	-1.o42

Tab. 11: Ergebnisse der Läufe (8), (9) und (1o)

Im Vergleich der Grundregeln der 3 Experimentserien (1), (4) und (8) ist folgendes zu sagen: Die additive Verknüpfung von S/RFZ und SPT ist hinsichtlich des Lagerbestandes auffällig über die multiplikative Verknüpfung (4) und S/RFZ isoliert (1) überlegen, und zwar sowohl für den Lagerbestand in der Fertigung als auch den in der Montage. Aber an der Termineinhaltung zeigt sich die Schwächung der Terminkomponente durch Heranziehung des SPT-Anteils. Soweit ist (8) aber immerhin noch (4) gegenüber vorzuziehen. Durch die auffallend ungünstige Kapazitätsauslastung jedoch ist der Vergleich nicht mehr eindeutig.

Auf diesem Hintergrund ist nun beachtlich, welchen Erfolg die synchronisierenden Regeln (9) und (10) haben: (9) verbessert sich im Vergleich zu seiner Basis (8) in allen 3 Zielmaßen, und (10) ist - bis auf die schwache Verschlechterung im mittleren Lagerbestand - ebenfalls sehr wirkungsvoll, sogar hinsichtlich aller 3 Ziele vorteilhafter als die anderen beiden nicht synchronisierenden Regeln (1) und (4).

Trotz dieses recht befriedigenden Ergebnisses ist zu bedenken, daß die besten absoluten Werte von 2 Zielmaßen in der 1. Serie erzielt wurden: Die 10-prozentige Synchronisation auf der S/RFZ-Basis (3) erreichte die Spitzenwerte von 25.894 beim Lagerbestand und -1.108 bei der Termineinhaltung. Es liegt nahe, durch eine weitere Serie von Läufen nach besser und ausgeglichener wirkenden Gewichtungssätzen der Synchronisation auf der S/RFZ-Basis zu suchen. Dieses geschieht in der 4. Experimentserie.

6.25 4. Experimentserie

Im Vergleich zu ihrem Basislauf erbringen die Läufe (11) und (12) mit einem Gewicht der Synchronisations-Komponente von 5 bzw. 15 % folgende Resultate:

Zielgrößen / Simulationsläufe	mittlerer Zwischenlagerbestand in der Fertigung ($\overline{LB_F}$)	in der Montage ($\overline{LB_M}$)	insgesamt ($\overline{LB}$)	mittlere Kapazitätsauslastung ($\overline{C}$)	mittlere Termineinhaltung ($\overline{L}$)
(1) S/RFZ	4.922	21.9o6	26.828	8o,4 %	-1.o74
(11) S/RFZ + Syn*5%	4.6o5	21.858	26.463	79,7 %	-1.o76
± (%)			+ 1,5	- o,8	+ o,1
(12) S/RFZ + Syn*15%	4.564	21.315	25.879	77,o %	-1.o72
± (%)			+ 4,1	- 4,2	- o.1

Tab. 12: Ergebnisse der Läufe (11) und (12)

Beide Läufe, (11) und (12), sind einander und gegenüber (1) bezüglich der Termineinhaltung praktisch ebenbürtig, während die beiden anderen Zielergebnisse das Dilemma der Ablaufplanung widerspiegeln, und zwar die schwächere Synchronisations-Gewichtung von 5 % in schwächerer Form und die stärkere Synchronisations-Gewichtung von 15 % in stärkerer Form: beidesmal halten sich die Abweichungen von $\overline{LB}$ und $\overline{C}$ nach oben bzw. unten in etwa die Waage. Die Gewichtung von 10 % (Lauf (3)) hielt sich in der Mitte von (11) und (12) in bezug auf das Dilemma der Ablaufplanung, aber überzeugte vor allem durch die Verbesserung der Termineinhaltung. Demnach liegt es nahe, nach enger an 10 % reichenden Gewichtungen zu suchen: Die Läufe (13) und (14) setzen die Synchronisation mit 8 bzw. 12 % an.

Zielgrößen / Simulationsläufe	mittlerer Zwischenlagerbestand in der Fertigung ($\overline{LB}$)	in der Montage ($\overline{LB}$)	insgesamt ($\overline{LB}$)	mittlere Kapazitätsauslastung ($\overline{C}$)	mittlere Termineinhaltung ($\overline{L}$)
(1) S/RFZ	4.922	21.906	26.828	80,4 %	-1.074
(13) S/RFZ + Syn*8%	4.424	23.642	28.066	74,9 %	-1.095
± (%)			-5,0	- 6,9	+ 2,0
(14) S/RFZ + Syn*12%	4.697	22.127	26.824	79,2 %	-1.089
± (%)			+0,0	- 1,5	+ 1,4

Tab. 13: Ergebnisse der Läufe (13) und (14)

Das anomal schlechte Ergebnis von Lauf (13) dürfte nicht repräsentativ sein: Es läßt sich durch eine Verzerrung der Häufigkeitsverteilung der Kundenaufträge erklären; denn aus anderen Meßergebnissen dieses Laufs geht hervor, daß relativ viel zu wenig Kundenbestellungen generiert wurden, so daß sich fertige Grundaufträge im Montagelager ansammeln. Lauf (14) ist mit Lauf (11) vergleichbar und reicht auch nicht an Lauf (3) heran.

Insgesamt gesehen hat sich die feinere Suche nach geeigneten Gewichtungskomponenten auf der Basis der 1. Experimentserie nicht gelohnt; die Gewichtung von 10 % liefert die besten Beobachtungen.

6.3 Zusammenfassende Interpretation der Ergebnisse

Die Simulation dieser Arbeit hat sich mit den synchronisie-

1) vgl. d. zusammenfassende Übersicht in Tab. A-6 (Anhang), S. 198.

renden Prioritätsregeln auseinandergesetzt, die besonders die Problematik der Fertigung terminlich voneinander abhängiger Teile erfassen. Als Besonderheiten wurden Regeln auf der Grundlage eines Vergleichs der Puffer- statt der üblichen Restfertigungszeiten gezeigt, und es wurde eine konkrete Form der synchronisierenden Verkettung der Teile unterschiedlicher hierarchischer Stufe vorgeschlagen. Die Synchronisation wurde an realistischen, praktisch möglichen Auftragsstrukturen getestet, die sich am Beispiel des Geschehens im Werkzeugmaschinenbau orientierten.

Grundsätzlich kann von einem erfolgreichen Einsatz der Synchronisation gesprochen werden. Dabei ist folgendermaßen zu differenzieren:

1. Die Synchronisation ist als Ergänzung zu einer terminabhängigen Regel empfehlenswert.
2. Besonders bei dem mittleren Zwischenlagerbestand innerhalb der Montage fällt die Wirkungsweise der Synchronisation positiv ins Gewicht: Von 11 Simulationsläufen mit Einsatz der Synchronisation erreichen 7 ein besseres Ergebnis für den Montagelagerbestand ($\overline{LB}_M$) als der beste der nicht-synchronisierenden Regeln.
3. Die auf die Restfertigungszeit bezogene Pufferzeit als Basis-Kriterium einer Prioritätsregelkombination orientiert sich nicht so ausgeprägt an der Reduzierung der Kapitalbindung, d.h. des mittleren Zwischenlagerbestandes ($\overline{LB}$), innerhalb der Teilefertigung wie ein Basis-Bestandteil, der noch zusätzlich mit einem SPT-Einsatz (multiplikativ oder additiv) verknüpft ist; daher ist die relative Verbesserung des in der Fertigung gebundenen Zwischenlagerbestandes ($\overline{LB}_F$) durch die Synchronisation auf der ersteren Grundlage deutlicher als die auf der letzteren.

4. Umgekehrt kann für die mittlere Termineinhaltung ($\bar{L}$) eine schwächere Leistungsfähigkeit der Synchronisation auf der ersteren Grundlage als auf der letzteren festgestellt werden: denn im ersten Fall beachtet die relative Pufferzeit die Termine auch ohne Synchronisation genügend gut, während sie im zweiten Fall vom Einfluß der Bearbeitungszeit überlagert wird.

5. Die Synchronisation auf der ersteren Basis provoziert eine ausgeprägte Form des Dilemmas der Ablaufplanung: Je überzeugender die Kapitalbindung - gemessen am mittleren Lagerbestand - durch die Synchronisation herabgesetzt wird, umso deutlicher sinkt auf der anderen Seite auch die mittlere Kapazitätsauslastung. Die Synchronisation als Ergänzung zum Bestandteil, der aus Pufferzeit und Bearbeitungszeit verknüpft ist, unterliegt tendenziell nicht diesem Dilemma: Regel (9) z.B. verbessert - wenn auch z.T. nur schwach - sämtliche 3 Zielmessungen der Basisregel (8), und Regel (10) übertrifft (bzw. hält mindestens konstant) jeweils alle 3 Zielmessungen der Basis der 1. (Lauf(1)) und 2. Experimentserie (Lauf(4)). Je nach der Behandlung des Zielverhältnisses wird man die Synchronisation also auf einen unterschiedlichen Basis-Bestandteil gründen: Wenn die Kapazitätsauslastung nicht ins Gewicht fällt, macht man sich die beeindruckenden Eigenschaften der Regel (3) in bezug auf die Zwischenlagerung und Termineinhaltung zunutze; wenn eine ungefähr gleichmäßige Zielgewichtung vorgegeben ist, wählt man einen Regel (9) oder (10) entsprechenden Ansatz [1].

1) Sowohl Maxwell, W. L.: a. a. O. als auch Maxwell, W. L. / Mehra, M.: a. a. O. messen nicht die mittlere Kapazitätsauslastung, so daß keine vergleichbaren Aussagen über das Dilemma der Ablaufplanung bei Synchronisations-Regeln vorliegen.

6. Auf den ersten Blick fallen die verhältnismäßig schwachen Verbesserungs - Prozentsätze der Synchronisation im Vergleich zu den Steigerungsraten der Ergebnisse bei Maxwell und besonders bei Maxwell/Mehra [1)] auf. Wegen der an der Praxis beobachteten Auftragsstruktur des Modells dieser Arbeit im Gegensatz zu den willkürlichen Einzelfertigungs-Strukturen der genannten Autoren liegt die als Hypothese in Abschnitt 6.1 geäußerte Erklärung nahe, daß durch Milderung der Terminstarrheit einzeln gefertigter Kundenaufträge und Einbeziehung von Werkstatt- und Lageraufträgen die Wirksamkeit der Synchronisation nachläßt.

7. Dem heuristischen Charakter der Simulation entsprechend kann nicht von optimalen Regeln die Rede sein. Die besten der beobachteten Gewichtungssätze der Synchronisationskomponente könnten sich bei ausgedehnteren Untersuchungen als sehr begrenzte Optima herausstellen. Hierzu, ebenso wie zu Punkt 6., wären weitere Versuche der Verifizierung angebracht.

---

1) vgl. besonders Maxwell, W.L./Mehra, M.: a. a. O., S. 253.

7. Aspekte der Anwendbarkeit und Möglichkeiten der Erweiterung

Es wurden bereits Beispiele genannt, denen zufolge die Synchronisation mehr oder weniger unbewußt und ungeregelt in der Praxis gehandhabt wird [1]. Bevor erwogen werden soll, welche Aussichten und Grenzen für eine konkrete Implementierung einer synchronisierenden Reihenfolgeplanung existieren, seien diese und ähnliche Fälle noch einmal betrachtet.

Eine parallele Verfolgung während der Fertigung von später zu montierenden Teilen kann in drei grundsätzlichen Ausprägungen beobachtet werden:

1. Großteile werden wegen ihres Umfanges an Bearbeitungszeit gründlicher als normale und Kleinteile geplant. Hier hat man mit überdurchschnittlichen Fertigungszeiten zu rechnen, so daß bei Verspätungen, selbst durch eine Eilabfertigung, angesichts der hohen technologischen Mindestzeiten die Partnerteile über Gebühr verzögert würden, wenn man nicht schon während der Fertigung den Arbeitsfortschritt der Großteile im Auge behielte.

2. Weiterhin sind zwei Fälle zu nennen, in denen ein gleichzeitig auszuführender Arbeitsgang an Partnerteilen ihre simultane Verfügbarkeit an der Maschine erzwingt: Zum einen ist an Montageanpaßarbeiten gedacht, die einen Meß- oder Kontrollarbeitsgang darstellen; je nach dem Resultat der Messung wird eine jeweilige Feinbearbeitung an den Partnerteilen notwendig.

3. Zum anderen ist ein regelrechter Arbeitsvorgang angesprochen, bei dem mehrere Teile zusammenbearbeitet werden müssen; anschließend folgt jedes Teil wieder eigenen Ar-

---

1) vgl. S. 110.

beitsplänen. Hierzu können Beispiele aus den verschiedensten Fertigungsverfahren angeführt werden: Einen typischen Anwendungsfall liefert der Vorgang des Bohrens: Man denke an das gemeinsame Verbohren von zwei Lagerhalbschalen oder von Bohrmaschinengehäuse und Laufbüchse. Auch beim Schleifen ist diese Situation möglich: Das Innenschleifen eines Morsekegels bedingt, daß die Spindel im Lager ruht. Weiterhin kann das Fräsen einer zwei - geteilten Anlegleiste genannt werden.

Damit sind Anwendungsfälle für eine synchronisierende Reihenfolgeplanung belegt, denen allerdings bisher ein mehr oder weniger unsystematisches Interesse gewidmet wird. Es erhebt sich die Frage nach den Vorraussetzungen eines geplanten Einsatzes.

Nach der Einteilung der von der Reihenfolgeentscheidung verlangten Informationsbasis [1] stellt die Synchronisation die aufwendigste Kategorie dar: Der "global shop status" fordert nicht nur die Kenntnis über Eigenschaften anderer Aufträge der betreffenden Warteschlange, sondern auch eine solche über die anderer Aufträge in Warteschlangen vor sonstigen Maschinen, um die betreffende Priorität berechnen zu können. Das bedeutet , daß eine zentrale Informationsverarbeitung unumgänglich wird. Man mag sich dies am entgegengesetzten Extremfall des "local operation status " verdeutlichen: Es kann z. B. aufgrund der SPT-Regel an jeder Maschine eine isolierte, dezentrale Prioritätsermittlung zum Zuge kommen, weil nur Kennzeichen des gerade vor der Maschine liegenden Arbeitsganges, eben die Bearbeitungszeit, in die Reihenfolgebestimmung eingehen.

---

1) vgl. S. 40.

Theoretisch ist zwar nun eine zentrale Reihenfolgeplanung nicht an eine Datenverarbeitung im On-line-Betrieb gebunden, sondern es ist ebenfalls eine (manuell geführte) zentrale Arbeitsverteilung denkbar, die aufgrund ständiger Rückmeldungen den Prioritätswert einer synchronisierenden Regel für alle Maschinen berechnen und zuweisen könnte. Jedoch scheidet der umfangreiche Rechenaufwand ein solches System praktisch aus, so daß allein die Dialogverarbeitung mit Betriebsdatenerfassung realistisch erscheint.

Derartige Installationen stehen im Augenblick nur begrenzt zur Verfügung. Aber mit fortschreitender Entwicklung dialogfähiger Nutzungsformen DV-gestützter Systeme der Produktionsplanung und -steuerung zeichnen sich sichere Chancen für einen praktischen Einsatz der Synchronisation ab. Auch ohne fundierte Wirtschaftlichkeitsüberlegungen läßt sich erkennen, daß , ausgehend von einem derartigen bereits installierten Dialogsystem mit seinem Leistungspotential an Echtzeit -Verarbeitung, die synchronisierende Reihenfolgeplanung keine zusätzlichen Kosten für den laufenden Betrieb fordert, jedoch nach den Experimenten dieser und anderer Arbeiten [1)] mindestens eine leichte Verbesserung der Zielerfüllung leistet.

Im Blick auf andere Industriezweige außerhalb des Maschinenbaus stellt sich abschließend die Frage, wie sich die Einbeziehung besonderer Fertigungsbedingungen in Überlegungen zur Synchronisation eingliedert. Es kann z. B. an die Reihenfolgeplanung von Netzaufträgen gedacht werden, bei denen einzelne Partnerteile einer zwischenlagerlosen Fertigung unterworfen sind, etwa in der chemischen Industrie oder bei Wärmeprozessen in der Stahlindustrie. Hierbei wird sich die Synchronisation konsequenter als eine konventionelle Reihenfol-

---

1) Maxwell, W. L. : a. a. O.
Maxwell, W. L. /Mehra, M. : a. a. O.

geplanung auf den technologischen Zwang zur gleichzeitigen Fertigstellung der Partnerteile einstellen. Beim Gegenstück der erzwungenen Zwischenlagerung im Rahmen von Trocknungsvorgängen, z.B. bei Färb-, Lackier- oder Druckarbeiten, könnte man sich die Logik der Synchronisation in Bezug auf die Unterbringung der Zwangsliegezeiten in ohnehin anfallende montagebedingte Wartezeiten zunutze machen.

Weiterhin ist denkbar, daß verschiedenartige Werkstücke einen gleichen Arbeitsgang beinhalten, für den eine Teilefamilie oder gar ein Los zusammengestellt werden soll; dieser Fall ist bei einer gewichtigen Rüstzeit durchaus vorstellbar. Auch hier hätte eine synchronisierende Fertigung der verschiedenen Operationen vor dem für alle Aufträge gemeinsam geplanten Arbeitsvorgang für eine gleichzeitige Verfügbarkeit zur Teilefamilien- bzw. Losbildung zu sorgen.

Schließlich müßte untersucht werden, wie sich die Aufgabe bisher unterstellter Prämissen auswirkt: Maschinenstörungen oder Bearbeitungsunterbrechungen z.B. eröffnen gerade der Synchronisation einen besonders wichtigen Einsatz, weil sie ständige Bereitschaft zur Beschleunigung oder Verzögerung von Partnerteilen zueinander dem Ziel der gleichzeitigen Fertigstellung dient.

Diese beispielhafte Aufzählung von Überlegungen zur Anwendbarkeit des Konzeptes der Synchronisation und von dessen Erweiterungen läßt erkennen, daß sich der betrieblichen Reihenfolgeplanung hier eine fruchtbare Entwicklungsmöglichkeit eröffnet. Zugleich werden die zukünftigen, theoretisch anspruchsvollen Bemühungen um eine Verschmelzung dieses Ansatzes mit speziellen Modellbedingungen deutlich.

Literaturverzeichnis

I Bücher und selbständige Schriften

Aurich W.: Verwendung der Simulationstechnik zur Prüfung von Unternehmensstrategien. Diss. Basel 1971.

Bechte, H.: Belastungsorientierte Losgrößenrechnung bei gemischt auftragsgebundener und lagergesteuerter Teilefertigung. Diss. Köln 1973

Biedermann, H.-J.: Ein Beitrag zur optimierenden Betriebssteuerung für Maschinenfabriken mit vorwiegender Kleinserien- und Einzelfertigung. Diss. ETH Zürich 1967.

Biegert, H.: Die Baukastenweise als technisches und wirtschaftliches Gestaltungsprinzip. Diss. Karlsruhe 1971.

Borowski, K.-H.: Das Baukastensystem in der Technik. Berlin, Göttingen, Heidelberg 1961.

Bowman, E.H./ Fetter, R.B.: Analysis for Production and Operations Management. 3. Aufl. Homewood/Ill. 1967.

Brankamp, K.: Ein Terminplanungssystem für Unternehmen der Einzel- und Serienfertigung. Diss. Aachen 1968

Brun, B.: Planung und Steuerung der Eigenteilefabrikation in einer Maschinenfabrik mittels EDV. Diss. ETH Zürich 1967.

Bührer, F.: Die Produktionsplanung in der Industrie. Erweiterter Sonderdruck Nr. 554 aus der Zeitschrift TZ für prakt. Metallbearbeitung, Jg. 1964/1966. Stuttgart 1968.

Buffa, E.S.: Production-Inventory Systems. Planning and Control. Homewood/Ill. 1968.

Buzi, K.: Die Simulation optimaler Prioritätsregeln für die Ablaufplanung in der Werkstattfertigung.
Forschungsberichte des Landes NRW Nr. 2o85.
Köln, Opladen 1971.

Carroll, D.C.: Heuristic Sequencing of Single and Multiple Component Jobs.
Diss. MIT Cambridge/Mass. 1965.

Chorafas, D.N.: Systems and Simulation. 2. Aufl.
New York, London 1967.

Conway, R.W./Mawell, W.L./Miller, L.W.: Theory of Scheduling.
Reading/Mass. 1967.

Dhen, K.: Produktivitätssteigerung durch Normung und technische Organisation
Mainz 1965.

Dickhut, E.O.: Zur Problematik der optimalen Fertigungsablaufplanung in der Einzel- und Kleinserienfertigung.
Diss. Aachen 1966.

Dinius, G./Schacht, N.: Betriebserfahrungen mit elektronischer Datenverarbeitung für Planung und Steuerung der Fertigung.
Berlin 1972.

Eilon, S.: Elements of Production Planning and Control.
London 1962.

Eilon, S./King, J.R.: Industrial Scheduling Abstracts (195o - 1966).
Edinburgh, London 1967.

Ellinger, Th.: Ablaufplanung. Grundfragen der Planung des zeitlichen Ablaufs der Fertigung im Rahmen der industriellen Produktionsplanung.
Stuttgart 1959.

Ellinger, Th.: Betriebswirtschaftliche Probleme der Einzelfertigung im Maschinenbau.
Vortrag VDMA-Tagung,
Wiesbaden 1963.
Frankfurt 1963.

Emshoff, J.R./Sisson, R.L.: Design and Use of Computer Simulation Models.
New York 197o.

Eversheim, W.: Beitrag zur Fertigungsplanung und -steuerung in der Kleinserien- und Einzelfertigung unter besonderer Berücksichtigung der Teilefamilienfertigung. Diss. Aachen 1965.

Fehr, E.: Produktionsplanung und -steuerung mit elektronischer Datenverarbeitung. Bern, Stuttgart 1968.

Franke, W.: Die Steuerung der Einzelfertigung mit einer elektronischen Datenverarbeitungsanlage. Berlin, Köln, Frankfurt/M. 1969.

Füssenhäuser, A.: Planung und Steuerung des Fertigungsablaufs bei Werkstattfertigung. Diss. Köln 1966.

Gerling, H.: Rund um die Werkzeugmaschine. 3. Aufl. Braunschweig 1967.

Gordon, G.: Systemsimulation. München, Wien 1972.

Gräßler, D.: Der Einfluß von Auftragsdaten und Entscheidungsregeln auf die Ablaufplanung von Fertigungsstraßen. Diss. TH Aachen 1968.

Günther, H.: Das Dilemma der Arbeitsablaufplanung. Zielverträglichkeiten bei der zeitlichen Strukturierung. Betriebswirtschaftliche Studien Bd. 1o. Berlin 1971.

Gutenberg, E.: Grundlagen der Betriebswirtschaftslehre. Bd. 1: Die Produktion, 18. Aufl. Berlin, Heidelberg, New York 1971.

Hammer, H.: Integrierte Produktionssteuerung mit Modularprogrammen. Wiesbaden 197o.

Hoch, P.: Betriebswirtschaftliche Methoden und Zielkriterien der Reihenfolgeplanung bei Werkstatt- und Gruppenfertigung. Frankfurt, Zürich 1973.

Hoss, K.: Fertigungsablaufplanung mittels operationsanalytischer Methoden. Würzburg, Wien 1965.

Jurke, L.: Beiträge zum Problem der Ablaufplanung Diss. Bochum 197o.

Kernler, H.K.: Fertigungssteuerung mit EDV. Köln 1972.

Krappen, D.: Normung bei Einzelfertigung. Diplomarbeit Köln 1972.

Klingst, A.: Optimale Lagerhaltung. Würzburg, Wien 1971.

v. Klot-Heydenfeldt, U.: Bestimmung der optimalen Arbeitskapazitäten von Werkstätten mit zufallsverteiltem Kapazitätsbedarf mit den Methoden der Simulation und des Branch and Bound. Diss. ETH Zürich 1969.

Köcher, D./Matt, G./Oertel, C./Schneeweiß, H.: Einführung in die Simulationstechnik. Berlin, Köln, Frankfurt 1972.

Koller, H.: Simulation und Planspieltechnik. Wiesbaden 1969.

Koxholt, R.: Die Simulation - ein Hilfsmittel der Unternehmensforschung. München, Wien 1967.

Kreß, H.: Untersuchungen zur Bestimmung der optimalen Organisation von Instandhaltungsarbeiten an Fertigungsmaschinen bei Werkstättenfertigung anhand eines Simulationsmodells. Diss. TH München 1968.

Krycha, K.-Th.: Analytische und heuristische Verfahren zur Planung des Produktionsablaufs. Diss. Göttingen 1969.

Krycha, K.-Th.: Methoden zur Ablaufplanung. Frankfurt/M., Zürich 1972.

Mangold, H.: Methoden zur Steigerung der Wirtschaftlichkeit durch Anwendung des Gesetzes der Massenproduktion in Maschinenbaubetrieben der industriellen Einzelfertigung. Diplomarbeit Köln 1971.

Martin, F.F.: Computer Modeling and Simulation. New York, London, Sydney 1968.

Maxwell, W.L.: Priority Dispatching and Assembly Operations in a Job Shop. Memorandum RM-537o- PR Rand Corp. Santa Monica/Calif. 1969.

Meier, R.C./Newell, W.T./Pazer, H.L.: Simulation in Business and Economics. Englwwood Cliffs 1969.

Mellerowicz, K.: Betriebswirtschaftslehre der Industrie. 6. Aufl., Bd. 1, 2. Freiburg 1968.

Mertens, P.: Simulation. Stuttgart 1969.

Mize, J.H./Cox, J.G.: Essentials of Simulation. Englewood Cliffs/N.J. 1968.

Müller, O.: Exakte und heuristische Methoden zur Lösung von Reihenfolgeproblemen. Berlin, Heidelberg, New York 197o.

Müller, W.: Die Simulation betriebswirtschaftlicher Systeme. Diss. Köln 1967.

Müller-Merbach, H.: Operations Research. Methoden und Modelle der Optimalplanung. München 1969.

Muscati, M.: Zur Optimierung der Zeitplanung unter besonderer Berücksichtigung von ablaufhomogenen Prozessen. Diss. Köln 197o.

Naylor, T.H./Balintfy, J.L./Burdick, D.S./Chu, K.: Computer Simulation Techniques. New York, London, Sydney 1966.

Niemeyer, G.: Investitionsentscheidungen mit Hilfe der elektronischen Datenverarbeitung. Berlin 197o.

Niemeyer, G.: Die Simulation von Systemabläufen mit Hilfe von FORTRAN IV. GPSS auf FORTRAN-Basis. Berlin, New York 1972.

Opitz, H./Eversheim, W./Gräßler, D.: Untersuchungen über die Einsatzmöglichkeiten von Datenverarbeitungsanlagen bei der Fertigungsplanung und -steuerung in Industriebetrieben mit vorwiegender Einzel- und Kleinserienfertigung. Forschungsberichte des Landes NRW Nr. 1916. Köln, Opladen 1968.

RKW: Anwendung der Simulationstechnik. Beispiel 1: Verbesserung der Maschinenanordnung in einer mechanischen Serienfertigung. Betriebstechnische Fachberichte SM 1. Berlin, Köln, Frankfurt 1968.

RKW: Anwendung der Simulationstechnik. Beispiel 2: Materialfluß-Optimierung im Werkstättenverkehr einer Einzelfertigung. Betriebstechnische Fachberichte SM 2 Berlin, Köln, Frankfurt 1968.

RKW, Auslandsdienst: Typenbeschränkung. Möglichkeiten, Hemmnisse und Grenzen. München 1958.

RKW, Ausschuß Typenbeschränkung (Hrsg.) Typenvielfalt - Vorteil für den Betrieb? Berlin 196o.

Sprotte, H-G.: Simultane Termin- und Reihenfolgeplanung bei Mehrproduktunternehmen mit Auftragsfertigung und stochastischem Auftragseingang. Diss. Köln 197o.

Schell, H.R.: Ein flexibles Produktionssteuerungssystem bei Variantenprodukten unter Einsatz elektronischer Datenverarbeitungsanlagen. Diss. Aachen 1972.

Schreiter, D. u.a.: Simulationsmodelle für ökonomisch-organisatorische Probleme. Schriftenreihe Datenverarbeitung. Institut für Datenverarbeitung Dresden. Köln, Opladen 1968.

Schultze-Scharnhorst, W.: Entwicklung und Erprobung eines Modells zur Fertigungsprogramm- und Fertigungsablaufplanung. Diss. Freiburg 1969.

Trusler, J.D.C.: Production Control by Computer. With Particular Reference to Jobbing and Small Batch Production. Brighton/Sussex 1968.

VDI, Fachgruppe Betriebstechnik: Elektronische Datenverarbeitung bei der Produktionsplanung und -steuerung. Teil I (VDI-Taschenbuch T 1o): Produktionsterminplanung und -steuerung. Düsseldorf 1969. Teil II (VDI-Taschenbuch T 23): Fertigungsterminplanung und -steuerung. Düsseldorf 1971.

Weiß, H.R.: Simulationsuntersuchungen über Prioritätsregeln bei Montagefertigung. Diplomarbeit Köln 1973.

Wiendahl, H.-P.: Funktionsbetrachtungen technischer Gebilde. Diss. Aachen 197o.

Zacher, G.: Der Einfluß der Rationalisierung der Fertigungsverfahren auf die Werkzeugmaschinen herstellende Unternehmung. Frankfurt/M. 1965.

II Aufsätze in Zeitschriften

Ackerman, S.S.: Even-Flow, a Scheduling Method for Reducing Lateness in Job Shops. Management Technology 3/1963, S. 2o ff.

Baker, C.T./ Dzielinski, B.P.: Simulation of a Simplified Job Shop. Mgm.Sc. 6/196o, S. 311 ff.

Berr, U./Papendieck, A.J.: Produktionsreihenfolgen und Losgrößen der Serienfertigung in einem Werkstattmodell. wT 6o/197o, S. 191 ff.

Brankamp, K./ Herrmann, J.: Baukastensystematik - Grundlagen und Anwendung in Technik und Organisation. IA 91/1969, S. 693 ff, S. 1151 ff.

Brown, R. G.: Simulations to Explore Alternative Sequencing Rules. Nav. Res. Log. Qu. 15/1968, S. 281 ff.

Bulkin, M.H./Colley, J.L./Steinhoff jr., H.W.: Load Forecasting, Priority Sequencing and Simulation in a Job Shop Control System. Mgm. Sc. 13/1967, Series B, S. 29 ff.

Calhoun, S.R./Green, P.E.: Simulation: Versatile Aid to Decision-Making. Advanced Management 23/1958 -5, S. 11 ff.

Chu, K./Naylor, T.H.: Two Alternative Methods for Simulating Waiting Line Models. J. Ind. Eng. 16/1965, S. 39o ff.

Colley, J.L., jr.: Principles for Scheduling Job Shops. Systems and Procedures Journal 19/1968-4, S. 8 ff and 19/1968-5, S. 28 ff.

Conway, R.W./Maxwell, W.L.: Network Dispatching by the Shortest Operation Discipline. OR 1o/1962, S. 51 ff.

Conway, R.W.: Priority Dispatching and Work-in-Process Inventory. J. Ind. Eng. 16/1965, S. 123 ff.

Conway, R.W.: Priority Dispatching and Job Lateness in a Job Shop. J. Ind. Eng. 16/1965, S. 228 ff.

Curtis, E.J.: Die Normung in der Werkzeugmaschinen-industrie. ZwF 63/1968, S. 162 ff.

Day, J.E./Hottenstein, M.P.: Review of Sequencing Research. Nav. Res. Log. Qu. 17/197o, S. 11 ff.

Dhen, K.: Erhöhung der Wirtschaftlichkeit durch Verwenden von Wiederholteilen. DIN-Mitteilungen 37/1958, S. 312 ff.

Didis, S.K./Carpenter, C.E.: Simulation Study of a Test Equipment Calibration and Certification System. J. Ind. Eng. XVII/1966, S. 437 ff.

Eilon, S./Hodgson, R.M.: Job Shops Scheduling with Due Dates. The International Journal of Production Research 6/1967-68, S. 1 ff.

Ellinger, Th.: Industrielle Einzelfertigung und Vorbereitungsgrad. ZfhF 15/1963, S. 481 ff.

Etschmaier, M.M.: Optimale Warteschlangensystme. ZfOR 16/1972, Serie B, S. 2o7 ff.

Friedewald, H.-H.: Integrierte Rationalisierung in der industriellen Fertigung durch Anwendung von Normen. ZwF 65/197o, S. 16 ff.

Gere, W.S.: Heuristics in Job Shop Scheduling. Mgm. Sc. 13/1967, Series A, S. 167 ff.

Haberfellner, R./ Rutz, K.: Integrierte Produktionssteuerung. IO 39/197o, S. 514 ff und 4o/1971, S. 21 ff.

Hackstein, R.: Problematik der Terminplanung im Industriebetrieb. ZwF 67/1972, S. 43 ff.

Hauk, W.: Beitrag zur Lösung des Reihenfolgeproblems bei der Auftragsplanung. ZwF 67/1972, S. 45 ff.

Hauk, W./ Stommel, H.-J.: Simulation im Produktionsbereich. Eine kritische Bestandsaufnahme und Vorausschau. ZwF 68/1973, S. 68 ff.

Heil, H.: Simulation in der Datenverarbeitung. Der GPSS - General Purpose System Simulator. IBM-Nachrichten 179/1966, S. 281 ff.

Hillier, F.S.: Cost Models for the Application of Priority Waiting Line Theory to Industrial Problems. J. Ind. Eng. XVI/1965, S. 178 ff.

Hollier, R.H.: A Simulation Study of Sequencing in Batch Production. ORQ 19/1968, S. 389 ff.

Hurst, E.G./ McNamara, A.B.: Heuristic Scheduling in a Woolen Mill. Mgm. Sc. 14/1968, Series B, S. 182 ff.

Hutter, R.: Simulation eines Informationssystems mit Benutzerprioritäten. AbPF 11/197o, S. 238 ff.

Jain, R.K./ Wartmann, R.: Simulation des Arbeitsablaufs in einem S.M.-Stahlwerk mit Vorfrischkonverter. AbPF 7/1966, S. 23 ff.

Jackson, J.R. | Simulation Research on Job Shop Production.
Nav. Res. Log. Qu. 4/1957-4, S. 287 ff.

Jackson, J.R.: | Waiting-Time Distributions for Queues with Dynamic Properties.
Nav. Res. Log. Qu. 9/1962, S. 31 ff.

Kay, E.: | Wesen und Grenzen der Simulation.
AbPF 4/1963, S. 191 ff.

Koelle, H.: | Die Anwendung der Simulation als Entscheidungshilfe.
IBM-Nachrichten 2o8/1971, S. 873ff.

Koller, H.: | Simulation als Methode in der Betriebswirtschaft.
ZfB 36/1966, S. 95 ff.

Kosiol, E.: | Modellanalyse als Grundlage unternehmerischer Entscheidungen.
ZfhF N.F. XIII/1961, S. 318 ff.

Kosiol, E.: | Betriebswirtschaftslehre und Unternehmensforschung.
ZfB 34/1964, S. 743 ff.

Landis, W.H./Funk, M.H.: | Ein Verfahren zur Glättung der Kapazitätsbelastung bei mehrstufiger Produktion.
ZfOR 16/1972, Serie B, S. 223 ff.

Lave, R.E./Taha, H.A.: | A Programm for Simulating the Operation of an Overhead Crane.
J. Ind. Eng. XVI/1965, S. 87 ff.

Lave, jr., R.E.: | Timekeeping for Simulation.
J. Ind. Eng. XVIII/1967, S. 389 ff.

Maxwell, W.L./Mehra, M.: | Multiple-Factor Rules for Sequencing with Assembly Constraints.
Nav. Res. Log. Qu. 15/1968, S. 241 ff.

McKenney, J.L.: | A Clinical Study of the Use of a Simulation Model.
J. Ind. Eng. XVIII/1967, S. 3o ff.

McQuie, R.: | Experimental Design and Simulation in Unloading Ships by Helicopter.
OR 17/1969, S. 785 ff.

Mellor, P.: A Review of Job Shop Scheduling. ORQ 17/1966, S. 164 ff.

Mihram, G.A.: Some Practical Aspects of the Verification and Validation of Simulation Models. ORQ 23/1972, S. 17 ff.

Moodie, C.L./ Novotny, D.J.: Computer Scheduling and Control System for Discrete Part Production. J. Ind. Eng. 19/1968, S. 336 ff.

Müller, O.: Produktionsplanung und -steuerung mit Hilfe der Simulationstechnik. Die Unternehmung 21/1967, S. 1o2 ff.

Niedereichholz, J.: Zur Simulation statischer Job Shop Modelle mit GPSS. Elektronische Datenverarbeitung 12/197o, S. 394 ff.

Niedereichholz, J.: Business Simulation and Management Decisions. Management International Review 11/1971, S. 47 ff.

Nullmeier, E.: Die Simulation als Hilfsmittel zur Planung von Fertigungsabläufen. ZwF 67/1972, S. 642 ff.

Oberhofer, A.F./ Pötzl, H.: Simulationsmodell als Grundlage für die Planung an einer Grobblechstraße. Stahl und Eisen 9o/197o, Nr. 24, S. 139o ff.

Riebel, P.: Typen der Markt- und Kundenproduktion in produktions- und absatzwirtschaftlicher Sicht. ZfbF 17/1965, S. 663 ff.

Rowe, A.J.: Toward a Theory of Scheduling. J. Ind. Eng. 11/196o, S. 125 ff.

Russell, J.R./ Stobaugh jr., R.B./ Whitmeyer, F.W.: Simulation for Production. Harvard Business Review 45/1967-5, S. 162 ff.

Sammler, A.: Diskussion von Vorrangregeln (Prioritäten) zur Lösung des Reihenfolgeproblems in der Planung und Lenkung der Einzelteilefertigung. Fertigungstechnik und Betrieb 2o/197o, S. 4o8 ff.

Seelbach, H./Fehr,H.: Simulation. ZfB 41/1971, S. 881 ff.

Spinner, A.H.: Sequencing Theory - Development to Date. Nav. Res. Log. Qu. 15/1968, S. 319 ff.

Schacht, N.: Kapazitätsabgleich durch Lageraufträge. ZwF 67/1972, S. 137 ff.

Schmitz, P.: Voraussetzungen für die Gestaltung computergestützter Entscheidungssysteme. Elektronische Datenverarbeitung 12/197o, S. 4o1 ff.

Schmitz, P.: Zur Behandlung simulationszeitabhängiger Warteschlangendisziplinen mit der Simulationssprache GPSS. Angewandte Informatik 1/1971, S. 31 ff.

Schmitz, P./ Minnemann, J.: Ein GPSS-Programm zur Auftragsfertigung bei zeitabhängiger Priorität der Aufträge. Angewandte Informatik 1/1971, S. 69 ff.

Schneeweiß, H./ Bauer, R.K.: Simulationstechniken. ZwF 63/1968, S. 365 ff.

Todt, H.-J.: Simulation zur Materialflußplanung. W+B 1o2/1969, S. 1 ff.

Trilling, D.R.: Job Shop Simulation of Orders that Are Networks. J. Ind. Eng. XVII/1966, S. 59 ff.

Tuffentshammer, K.: Typnormung- ein Werk zum rationellen Bauprogramm von Werkzeugmaschinen. wT 57/1967, S. 1 ff.

Vetter, R.: Simulation des Materialflusses bei der Planung einer Großteilefertigung. W+B 1o3/197o, S. 43 ff.

III Beiträge in Sammelwerken, Firmenveröffentlichungen und sonstige Veröffentlichungen

Albach, H.: Maschinenbelegungspläne bei Einzelfertigung. In: Jahrbuch 1965 hrsg. von dem Ministerpräsidenten des Landes NRW, Landesamt for Forschung. Köln, Opladen 1965, S. 11 ff.

Beste, Th.: Rationalisierung durch Vereinheitlichung. In: Beste, Th.: Die Mehrkosten bei der Herstellung ungängiger Erzeugnisse im Vergleich zur Herstellung vereinheitlichter Erzeugnisse. Köln, Opladen 1957, S. 9 ff.

Conway, R.W./ Maxwell, W.L./ Oldziey, J.W.: Sequencing against due - dates. In: Hertz, D.B./Melèse, J. (Hrsg.): Proceedings of the Fourth International Conference on Operational Research. New York usw. 1966, S. 599 ff.

Ellinger, Th.: Durchlaufzeit. In: Grochla, E. (Hrsg.): Handwörterbuch der Organisation (HdO). Stuttgart 1969, Sp. 459 ff.

Ellinger, Th.: Industrielle Wechselproduktion. In: RKW (Hrsg.): Produktivität und Rationalisierung. Chancen, Wege, Forderungen. Frankfurt 1971, S. 197 ff.

Ellinger, Th.: Die Produktionssteuerung aus betriebswirtschaftlicher Sicht. In: Rühle v. Lilienstern, H. (Hrsg.): Die informierte Unternehmung. Berlin 1972, S. 2o3 ff.

v. Falkenhausen, H.: Arbeitsverteilung mit Vorrangregeln. In: VDI-Berichte 1o1 ("Fertigungsorganisation im Wandel"). Düsseldorf 1966, S. 97 ff.

v. Falkenhausen, H.: Bemerkungen zu den Simulationen der Arbeitsverteilung in Betrieben mit Auftragsfertigung durch Conway und die Hughes Aircraft Company. In: Bussmann, K.F./Mertens, P.: OR und DV bei der Produktionsplanung. Stuttgart 1968, S. 251 ff.

Fehse, W.: Normung und Sortenminderung als Voraussetzung für wirtschaftliche Stückzahlen im Werkzeugmaschinenbau.
In: Arbeitsgemeinschaft für Rationalisierung des Landes Nordrhein-Westfalen: Die Vereinheitlichung als Aufgabe der Rationalisierung. Heft 56.
Dortmund 1962, S. 37 ff.

Gafarian, A.V./ Walsh, J.E.: Statistical Approach for Validating Simulation Models by Comparison with Operational Systems.
In: Hertz, D.B./Melèse, J. (Hrsg.): Proceedings of the Fourth International Conference on Operational Research.
New York usw. 1966, S. 7o2 ff.

Hessenbruch, H.G.: Gemeinschaftsmaßnahmen innerhalb der Branchen zur Erzielung eines wirtschaftlichen Fertigungs- und Vertriebsprogramms.
In: RKW, Ausschuß Typenbeschränkung (Hrsg.): Typenbeschränkung - was Fachleute dazu sagen.
Berlin 196o, S. 36 ff.

Hoch, P.: Zur Reihenfolgeoptimierung bei langfristiger Einzelfertigung.
In: Bussmann, K.F./Mertens, P. (Hrsg.): OR und DV bei der Produktionsplanung.
Stuttgart 1968, S. 27o ff.

IBM: IBM System / 36o Modell 2o.
Kapazitätsbelegungs- und Terminierungs-System.
(Capacity Loading and Scheduling System) CLASS 2o.
IBM - Form 8o521 - O.
o.O. 1968.

IBM: The Production Information and Control System.
IBM - Form GE 2o-o28o-2
White Plains/N.Y. 1968.

IBM: System/36o Lagerdisposition. (Inventory Control). Anwendungsbeschreibung.
IBM - Form 8o516-O.
o.O. 197o.

IBM: General Purpose Simulation System/360. User's Manual GH 20-0326-4, 5. Aufl. White Plains/N.Y. 1970.

Keck, H.: Vergleich von Prioritätsregeln mit Hilfe der Simulation. Eine Literaturübersicht. In: Bussmann, K.F./Mertens, P.: OR und DV bei der Produktionsplanung. Stuttgart 1968, S. 230 ff, S. 282 ff.

Kohlitz, A.: Programmbereinigung - eine unternehmerische Aufgabe im Europäischen Markt. In: RKW, Ausschuß Typenbeschränkung (Hrsg.): Typenbeschränkung - was Fachleute dazu sagen. Berlin 1960, S. 12 ff.

Le Grande, E.: The Development of a Factory Simulation System Using Actual Operating Data. In: Buffa, E.S. (Hrsg.): Readings in Production and Operations Management. N.Y. 1968, S. 132 ff.

Matt, G.: Simulationsprogramme: Aufbau, Ablauf und Anwendungsmöglichkeiten. IBM - Form 81565. o.O. 1969.

May, W.: Überwindung der Widerstände gegen Typenbeschränkung und Vereinheitlichung als unternehmerische Aufgabe. In: Arbeitsgemeinschaft für Rationalisierung des Landes NRW (Hrsg.): Die Vereinheitlichung als Aufgabe der Rationalisierung. Heft 56. Dortmund 1962, S. 21 ff.

Opitz, H.: Normung und Typisierung im Werkzeugmaschinenbau. In: Arbeitsgemeinschaft für Rationalisierung des Landes NRW (Hrsg.): Vereinheitlichung im Werkzeugmaschinenbau, Heft 33. Dortmund 1958, S. 9 ff.

Ordemann, N.: Kapazitätsermittlung durch Simulation. Erfahrungsbericht. In: Grochla, E. (Hrsg.): Computergestützte Entscheidungen in Unternehmungen. Betriebswirtschaftliche Beiträge zur Organisation und Automation, Band 12. Wiesbaden 1971, S. 81 ff.

Sperry Rand - Univac: TPS-II. Programmsystem für die kapazitätsabhängige Feinplanung und Steuerung der Eigenteilefabrikation. o.O., o.J.

Sperry Rand - Univac: Terminierung und Kapazitätsplanung mit UNITEK. (Teil 1) Frankfurt 1971.

Schmidt, H.: Lagerhaltung und Simulation. IBM-Form Nr. 78188. Sonderdruck aus IBM-Nachrichten 176/1966, S. 17 ff.

Ulbricht, W.: Technische und wirtschaftliche Gesichtspunkte bei der Vereinheitlichung von Werkzeugmaschinen. In: Arbeitsgemeinschaft für Rationalisierung des Landes NRW (Hrsg.): Vereinheitlichung im Werkzeugmaschinenbau. Heft 33. Dortmund 1958, S. 27 ff.

VDI/AWF-Fachgruppe Förderwesen (Hrsg.): Simulationsmethoden im Materialfluß. (VDI 2696). Berlin, Köln 1971.

VDMA: Handbuch der deutschen Maschinenindustrie. Darmstadt 1971.

VDMA (Hrsg.): Wer baut Maschinen? 34. Ausgabe. Darmstadt 1972.

Wartmann, R.: Untersuchungen von Betriebsabläufen durch Simulationsmodelle. In: Busse v. Colbe, W./Mattessich, W.R. (Hrsg.): Der Computer im Dienste der Unternehmensführung. Bielefeld 1968, S. 155 ff.

Anhang

Teil Nr. (1)	Auftreten in Varianten-Nr. (2)	Wahrscheinlichkeit des Auftretens des Teils je Bestellg. (%) (3)	Verbrauch je Zeiteinheit (4) = (3) x 1/15	Losgröße; zugleich Anfangsbestand (5)	Bearbeitungszeit je Stück (6)	Gesamtbearbeitungsvolumen des Loses (7) = (6) x (5)	Mindestwiederbeschaffungszeit (8) = 1,5 x (7)	obere Wiederbeschaffungszeit (9) = 8 x (7)	Intervall der Wiederbeschaffungszeiten (10) = (9) - (8)	der oberen Wiederbeschaffungszeit entsprechender Bestellbestand (11) = (9) x (4) (gerundet)	der Mindestwiederbeschaffungszeit entsprechender Bestellbestand (12) = (8) x (4) (gerundet)
71	1;2	40	0,02$\overline{6}$	20	4	80	120	640	520	17	3
72	1;2;3;4;5	100	0,0$\overline{6}$	50	1	50	75	400	325	23	5
73	1;2	40	0,02$\overline{6}$	20	3	60	90	480	390	13	2
74	1;2	40	0,02$\overline{6}$	20	4	80	120	640	520	17	3
75	1;2	40	0,02$\overline{6}$	20	3	60	90	480	390	13	2
76	3	20	0,01$\overline{3}$	10	8	80	120	640	520	9	2
77	3	20	0,01$\overline{3}$	10	8	80	120	640	520	9	2
78	3	20	0,01$\overline{3}$	10	7	70	105	560	455	7	1
79	3;4;5	60	0,04	30	2	60	90	480	390	19	4
80	3	20	0,01$\overline{3}$	10	5	50	75	400	325	5	1
81	3	20	0,01$\overline{3}$	10	10	100	150	[800] 675	[650] 525	[12] 9 1)	2
82	4;5	40	0,02$\overline{6}$	20	3	60	90	480	390	13	2
Σ						830					

1) Wegen der zweckmäßigerweise einzuführenden Nebenbedingung, daß der obere Bestellbestand kleiner als die Losgröße sein muß, wird der obere Bestellbestand von 12 auf 9 gesetzt, entsprechend die obere Wiederbeschaffungszeit von 800 auf 675 und die Differenz der Wiederbeschaffungszeiten von 650 auf 525.

Tab. A-1.1:
Ableitung der Bestellbestände der Lagerteile der Grundvarianten (Nr. 71 - 82).

(1) Teil-Nr.	Wahrscheinlichkeit für Auftreten des Teils je Typ in % (2)	Wahrscheinlichkeit für Auftreten des zugehörigen Typs in % (3)	Wahrscheinlichkeit für Auftreten des Teils je Bestellung in % (4) = (2) × (3)	Verbrauch an lagerhaltigen Teilen je Zeiteinheit (in %) (5) = (4) × 5/6 × 1/15	Losgröße; zugleich Anfangsbestand (6)	Bearbeitungszeit je Stück (7)	Gesamtbearbeitungsvolumen des Loses (8) = (7) × (6)	Mindestwiederbeschaffungszeit (9) = 1,5 × (8)	obere Wiederbeschaffungszeit (1o) = 8 × (8)	Intervall der Wiederbeschaffungszeiten (11) = (1o) - (9)	der oberen Wiederbeschaffungszeit entsprechender Bestellbestand (12) = (1o) × (5) (gerundet)	der Mindestwiederbeschaffungszeit entsprechender Bestellbestand (13) = (9) × (5) (gerundet)
83	4o		16	0,$\overline{8}$	7	1o	7o	1o5	56o	455	5	1
84	3o	4o	12	0,$\overline{6}$	5	11	55	83	44o	357	2	1
85	3o		12	0,$\overline{6}$	5	14	7o	1o5	56o	455	3	1
86	6o		12	0,$\overline{6}$	5	19	95	143	76o	617	4	1
87	4o	2o	8	0,$\overline{4}$	4	22	88	132	7o4	572	3	1
88	3o		12	0,$\overline{6}$	5	17	85	128	68o	552	4	1
89	3o	4o	12	0,$\overline{6}$	5	22	11o	165	{[88o] 7oo	{[715] 535	{[5] 4	1 1)
9o	4o		16	0,$\overline{8}$	7	11	77	116	616	5oo	4	1
Σ			= 1oo%				= 65o					

1) Wegen der Nebenbedingung, daß der obere Bestellbestand kleiner als die Losgröße sein muß, wird der obere Bestellbestand von 5 auf 4 gesetzt, entsprechend die ob. Wiederbeschaffungszeit von 88o auf 7oo und die Differenz der Wiederbeschaffungszeiten von 715 auf 535.

Tab. A-1.2:
Ableitung der Bestellbestände der Lagerteile der Endausrüstung (Nr. 83 - 9o)

Tab. A-2:

Ermittlung der relativen Kapazität der Maschinengruppen:

Am Beispiel von Maschinengruppen 11 kann gezeigt werden, daß lt. Tab. 3 (Arbeitspläne)

Teil 11, 4. Arbeitsgang Maschine 11 mit 15 ZE,
Teil 12, 4. Arbeitsgang Maschine 11 mit 1o ZE,
Teil 13, 6. Arbeitsgang Maschine 11 mit 2o ZE

usw. belegt.

Bei Gewichtung der auf Maschine 11 entfallenden Bearbeitungszeiten mit den Häufigkeiten der dazu gehörigen Varianten erhält man

15 x o,3 = 4,5
15 x o,1 = 1,5
2o x o,2 = 4

usw.

Bei Addition der so gewichteten Bearbeitungszeiten aller Teile der Grundvarianten auf Maschine 11 ermittelt man den durchschnittlichen Bedarf an Kapazität der Maschinengruppe 11 pro Kundenbestellung, soweit sie die Grundgestalt des Erzeugnisses betrifft. Außer den Kundenausrüstungs-Teilen (Nr. 83-1oo) sollen aber aus Vereinfachungsgründen auch die Wiederholteile (Nr. 61 -7o) außer Betracht bleiben. Führt man diese Rechnung für alle Maschinengruppen durch, so ergibt sich ihre relative Kapazität zueinander, die für das Modell folgendermaßen errechnet wurde:

Maschinengruppe	11	mit	einem	Anteil	von	1o,5 %,
"	12	"	"	"	"	1o,4 %,
"	13	"	"	"	"	16,5 %
"	14	"	"	"	"	12,9 %
"	15	"	"	"	"	9,5 %
"	16	"	"	"	"	12,9 %
"	17	"	"	"	"	1o,o %
"	18	"	"	"	"	13,5 %
"	19	"	"	"	"	3,8 %
					$\sum$	= 1oo,o %

Tab. A-3:
Ermittlung der absoluten Kapazität der Maschinengruppen:

Die Summe an Bearbeitungszeit jeder Variante, gewogen mit der Häufigkeit der Variante, läßt ein mittleres Bearbeitungsvolumen eines Grunderzeugnisses von ca. 66o ZE errechnen. (Dabei sind wohlgemerkt die Montagezeiten außer Betracht, da für sie eine eigene, unbegrenzte Kapazität unterstellt wird.

Zusätzlich ist für die Kundenausrüstung anzusetzen:
Nach den Modellannahmen über die Kundenausrüstungs-Teile (s.S. 79 f.) ergibt sich, daß im Durchschnitt 2 Teile auftreten, und zwar beträgt die erwartete Anzahl von kundenspezifischen Teilen pro Bestellung = $^{7}/_{6}$ und die der Lagerteile = $^{5}/_{6}$ Stück. Unter Heranziehung der mittleren Bearbeitungsvolumina der beiden Teilearten errechnet man den mittleren Arbeitsaufwand pro Kundenbestellung mit
$43 \times {}^{7}/_{6}$ = ca. 5o ZE für die kundenspezifischen Teile,
$15 \times {}^{5}/_{6}$ = ca. 13 ZE für die Lagerteile.

Damit ist ein mittleres Gesamtbearbeitungsvolumen einer Kundenbestellung von 66o + 5o + 13 = 723 ZE gefunden. Bei Beachtung der mittleren Zwischenankunftszeit von 15 ZE besteht somit eine durchschnittliche Gesamtnachfrage nach Bearbeitungskapazität von $\frac{723}{15}$ = 48,2 = ca. 48 Kapazitätseinheiten.

Es sollen nun insgesamt 6o Maschinen vorgegeben werden, so daß man mit einer erwarteten Kapazitätsauslastung von $\frac{48}{6o}$ = 8o % zu rechnen hat. Aus der relativen Kapazität (s. Tab. A-2) ergibt sich damit die absolute Dimensionierung der einzelnen Maschinengruppen mit:

Maschinengruppe 11 : 7 Maschinen, Maschinengr. 12 : 6 Maschinen
" 13 : 9 " , " 14 : 7 "
" 15 : 6 " , " 16 : 8 "
" 17 : 6 " , " 18 : 8 "
" 19 : 3 " .

```
*
*    D A T E N T E I L
*
*
*
 1       FUNCTION     RN1,D5
.3    1     .4     2      .6     3      .85    4      .999   5
 2       FUNCTION     RN1,D3
.333  1     .666   2      .999   3
 3       FUNCTION     RN1,C24
0     0     .1     .104   .2     .222   .3     .355   .4     .509   .5     .69
.6    .915  .7     1.2    .75    1.38   .8     1.6    .84    1.83   .88    2.12
.9    2.3   .92    2.52   .94    2.81   .95    2.99   .96    3.2    .97    3.5
.98   3.9   .99    4.6    .995   5.3    .998   6.2    .999   7      .9997  8
*
 4       FUNCTION     P49,D40
11    1     12     4      13     7      14     10     15     13     16     16
17    19    18     22     19     25     20     28     21     31     22     34
23    37    24     40     25     43     26     46     27     49     28     52
29    55    30     58     31     61     32     64     33     67     34     70
35    73    36     76     37     79     38     82     39     85     40     88
41    91    42     94     43     97     44     100    45     103    46     106
47    109.  48     112    49     115    50     118
 5       FUNCTION     P6,L3
      77           17                   1
 6       FUNCTION     P12,D7
101   1     111    3      113    5      116    7      118    9      119    11
121   13
 7       FUNCTION     P11,D29
131   1     132    3      134    5      135    7      138    9      139    11
142   13    144    15     151    17     152    19     153    21     154    23
155   25    156    27     158    29     159    31     160    33     163    35
164   37    166    39     167    41     171    43     173    45     175    47
176   49    177    51     178    53     179    55     180    57
 8       FUNCTION     P10,D15
181   1     182    3      184    5      186    7      187    9      188    11
189   13    191    15     193    17     194    19     195    21     196    23
197   25    198    27     199    29
*
 9       FUNCTION     P6,L3
      31           32                   33
 12      FUNCTION     P8,D3
2     1     3      2      5      3
*
 41      FUNCTION     P2,L3
      11           18                   25
 42      FUNCTION     P2,L3
      12           19                   26
 43      FUNCTION     P2,L3
      13           20                   27
 44      FUNCTION     P2,L3
      14           21                   28
```

Tab. A-4: GPSS/360-Programm des Simulationsmodells am Beispiel von Lauf (12)

```
 45     FUNCTION    P2,L3
        15          22            29
*
 51     FUNCTION    RN1,D3
.4      83    .7    84     .999   85
 52     FUNCTION    RN1,D2
.6      86    .999  87
 53     FUNCTION    RN1,D3
.3      88    .6    89     .999   90
*
 91     FUNCTION    RN1,D10
.1      91    .2    92     .3     93     .4     94     .5     95     .6     96
.7      97    .8    98     .9     99     .999   100
*
*
*
 61     FUNCTION    P8,D2
4       71    5     81
 62     FUNCTION    P8,D5
1       72    2     82     3      92     4      74     5      84
 63     FUNCTION    P8,D2
4       73    5     83
 65     FUNCTION    P8,D4
1       75    2     85     3      95     5      94
 66     FUNCTION    P8,D2
3       76    4     76
 67     FUNCTION    P8,D2
3       77    4     77
 68     FUNCTION    P8,D2
3       78    4     78
 69     FUNCTION    P8,D4
1       79    2     89     4      99     5      96
 71     FUNCTION    P2,L2
        50          48
 72     FUNCTION    P2,L2
        51          51
 73     FUNCTION    P2,L2
        50          48
 74     FUNCTION    P2,L2
        55          56
 75     FUNCTION    P2,L2
        41          45
 76     FUNCTION    P2,L3
        44          43            47
 77     FUNCTION    P2,L2
        53          54
 78     FUNCTION    P2,L3
        34          33            37
 79     FUNCTION    P2,L2
        31          35
 81     FUNCTION    P2,L2
        49          49
 82     FUNCTION    P2,L2
        52          52
 83     FUNCTION    P2,L2
        49          49
 84     FUNCTION    P2,L2
```

```
       57          58
 85     FUNCTION   P2,L2
       42          46
 89     FUNCTION   P2,L2
       32          36
 92     FUNCTION   P2,L2
       53          54
 94     FUNCTION   P2,L2
       49          49
 95     FUNCTION   P2,L3
       44          43          47
 98     FUNCTION   P2,L2
       39          39
 99     FUNCTION   P2,L2
       38          38
*
*
*
*
 181    FUNCTION   P3,L2
       131         132
 182    FUNCTION   P3,L2
       134         135
 184    FUNCTION   P3,L3
       138         139         37
 186    FUNCTION   P3,L2
       142         14
 187    FUNCTION   P3,L2
       144         15
 188    FUNCTION   P3,L3
       151         152         153
 189    FUNCTION   P3,L3
       154         155         156
 191    FUNCTION   P3,L3
       158         159         160
 193    FUNCTION   P3,L2
       163         164
 194    FUNCTION   P3,L2
       166         167
 195    FUNCTION   P3,L2
       51          171
 196    FUNCTION   P3,L2
       52          172
 197    FUNCTION   P3,L3
       53          175         176
 198    FUNCTION   P3,L2
       177         178
 199    FUNCTION   P3,L2
       179         180
*
 131    FUNCTION   P4,L3
       71          31          69
 132    FUNCTION   P4,L2
       11          35
 134    FUNCTION   P4,L3
       71          32          69
 135    FUNCTION   P4,L2
```

```
       12          36
138     FUNCTION   P4,L3
       77          101            68
139     FUNCTION   P4,L2
       13          33
142     FUNCTION   P4,L3
       82          38             69
144     FUNCTION   P4,L3
       82          39             69
151     FUNCTION   P4,L2
       65          72
152     FUNCTION   P4,L2
       111         74
153     FUNCTION   P4,L2
       41          45
154     FUNCTION   P4,L2
       65          72
155     FUNCTION   P4,L2
       113         74
156     FUNCTION   P4,L2
       42          46
158     FUNCTION   P4,L2
       65          72
159     FUNCTION   P4,L3
       80          116            43
160     FUNCTION   P4,L2
       47          56
163     FUNCTION   P4,L3
       72          61             50
164     FUNCTION   P4,L2
       118         48
166     FUNCTION   P4,L3
       72          61             65
167     FUNCTION   P4,L2
       119         49
171     FUNCTION   P4,L3
       62          25             75
173     FUNCTION   P4,L3
       62          26             75
175     FUNCTION   P4,L3
       121         27             81
176     FUNCTION   P4,L2
       79          67
177     FUNCTION   P4,L2
       79          55
178     FUNCTION   P4,L3
       56          28             62
179     FUNCTION   P4,L2
       79          57
180     FUNCTION   P4,L3
       58          29             62
*
101     FUNCTION   P5,L2
       76          34
111     FUNCTION   P5,L2
       73          18
113     FUNCTION   P5,L2
```

```
       73            19
116     FUNCTION     P5,L3
       78            20              44
118     FUNCTION     P5,L2
       63            21
119     FUNCTION     P5,L2
       63            22
121     FUNCTION     P5,L2
       62            54
*
*
*
*
  1     VARIABLE     XH*10+1
  2     VARIABLE     XH*11+1
  3     VARIABLE     XH*12+1
 10     VARIABLE     P8+20
 12     VARIABLE     0-50000
 15     VARIABLE     P16+MH2(*8,1)
 16     VARIABLE     P18+100
 17     VARIABLE     P1+50
 18     VARIABLE     P26+MH3(*24,6)
 20     VARIABLE     P14+1
 22     VARIABLE     0-MH7(*24,*7)
 24     VARIABLE     MH1(*8,5)+MH5(1,*48)
 25     VARIABLE     P19-P29
 26     VARIABLE     3*MH3(*24,4)
 27     VARIABLE     3*MH7(*24,*7)
 28     VARIABLE     MH7(*24,*7)*MH3(*24,3)
 29     VARIABLE     MH3(*24,4)*MH3(*24,3)
 30     VARIABLE     P29-3*MH1(*8,4)
 31     VARIABLE     P30-(V*10*3)
 32     VARIABLE     P31-(V*11*3)
 33     VARIABLE     P32-(V*12*3)
 34     VARIABLE     MH5(*24,*48)-MH5(*24,*47)-P17
 35     FVARIABLE    3*MH7(*24,*7)*V36/10
 36     FVARIABLE    V34/MH5(*24,*47)
 37     VARIABLE     MH5(*41,*48)-MH5(*41,*47)-P17
 40     VARIABLE     MH5(*42,*48)-MH5(*42,*47)-P17
 41     VARIABLE     V34-P45
 43     FVARIABLE    V36+V41*3/20
 44     VARIABLE     P28-P27-P17
 45     FVARIABLE    V46*MH7(*24,*7)/10
 46     FVARIABLE    V44/P27
 47     VARIABLE     P49+30
 48     VARIABLE     P49-10
 49     VARIABLE     V34*MH5(*24,*47)
 50     VARIABLE     MH1(*8,5)+XH1
 51     FVARIABLE    MH3(*22,4)/MH3(*22,3)
 52     FVARIABLE    MH3(*23,4)/MH3(*23,3)
 53     FVARIABLE    MH3(*24,4)/MH3(*24,3)
 54     VARIABLE     MH5(*43,*48)-MH5(*43,*47)-P17
 55     VARIABLE     P8+5
 58     VARIABLE     0-MH5(*24,*47)
 59     FVARIABLE    V58/2
 70     VARIABLE     V*10*3
 71     VARIABLE     V*11*3
```

```
 72     VARIABLE    V*12*3
 75     VARIABLE    MH1(*8,4)*3
 78     VARIABLE    MH3(*24,4)*MH3(*24,3)
 89     VARIABLE    P20-P29
 97     VARIABLE    V44*P27
 98     VARIABLE    0-P27
 99     VARIABLE    P8+40
*
*
*
 181    VARIABLE    20
 182    VARIABLE    22
 184    VARIABLE    28
 186    VARIABLE    18
 187    VARIABLE    16
 188    VARIABLE    25
 189    VARIABLE    28
 191    VARIABLE    30
 193    VARIABLE    20
 194    VARIABLE    22
 195    VARIABLE    18
 196    VARIABLE    16
 197    VARIABLE    22
 198    VARIABLE    18
 199    VARIABLE    20
 131    VARIABLE    18
 132    VARIABLE    15
 134    VARIABLE    18
 135    VARIABLE    15
 138    VARIABLE    19
 139    VARIABLE    15
 142    VARIABLE    18
 144    VARIABLE    18
 151    VARIABLE    14
 152    VARIABLE    20
 153    VARIABLE    16
 154    VARIABLE    14
 155    VARIABLE    20
 156    VARIABLE    14
 158    VARIABLE    14
 159    VARIABLE    21
 160    VARIABLE    16
 163    VARIABLE    16
 164    VARIABLE    17
 166    VARIABLE    16
 167    VARIABLE    17
 171    VARIABLE    16
 173    VARIABLE    16
 175    VARIABLE    19
 176    VARIABLE    15
 177    VARIABLE    14
 178    VARIABLE    16
 179    VARIABLE    14
 180    VARIABLE    14
 101    VARIABLE    18
 111    VARIABLE    [illegible]
 112    VARIABLE    [illegible]
```

```
 116    VARIABLE    12
 118    VARIABLE    9
 119    VARIABLE    9
 121    VARIABLE    10
*
*
*
*
*
 1      STORAGE     2000000
 4      STORAGE     2000000
*
*
*
 11     STORAGE     7
 12     STORAGE     6
 13     STORAGE     9
 14     STORAGE     7
 15     STORAGE     6
 16     STORAGE     8
 17     STORAGE     6
 18     STORAGE     8
 19     STORAGE     3
*
*
*
 1      TABLE       P8,1,1,6
 2      TABLE       V25,0,15,100
 3      TABLE       V25,-1000,15,170
 4      TABLE       M1,400,15,200
 5      TABLE       XH1,30,3,50
 6      TABLE       P8,1,1,6
*
*
*
*
        INITIAL     LS11-LS50
*
*
*
*
 1      MATRIX      H,5,5
        INITIAL     MH1(1,1),181/MH1(1,2),188/MH1(1,3),195/MH1(1,4),30
        INITIAL     MH1(1,5),825/MH1(2,1),182/MH1(2,2),189/MH1(2,3),196
        INITIAL     MH1(2,4),30/MH1(2,5),830/MH1(3,1),184/MH1(3,2),191
        INITIAL     MH1(3,3),197/MH1(3,4),40/MH1(3,5),1170/MH1(4,1),186
        INITIAL     MH1(4,2),193/MH1(4,3),198/MH1(4,4),25/MH1(4,5),748
        INITIAL     MH1(5,1),187/MH1(5,2),194/MH1(5,3),199/MH1(5,4),25
        INITIAL     MH1(5,5),730
*
*
*
*
*
 2      MATRIX      H,5,10
        INITIAL     MH2(1,1),1620/MH2(2,1),1821/MH2(3,1),2064
        INITIAL     MH2(4,1),1364/MH2(5,1),1418
```

```
*
*
*
*
*
 3        MATRIX       H,100,6
          INITIAL      MH3(1-10,1-5),0/MH3(11-70,1-3),0/MH3(11,4),120
          INITIAL      MH3(12,4),110/MH3(13,4),135/MH3(14,4),95/MH3(15,4),90
          INITIAL      MH3(16-17,4),0/MH3(18,4),105/MH3(19,4),120
          INITIAL      MH3(20,4),135/MH3(21-22,4),85/MH3(23-24,4),0
          INITIAL      MH3(25,4),110/MH3(26,4),105
          INITIAL      MH3(27,4),135/MH3(28,4),90
          INITIAL      MH3(29,4),95/MH3(30,4),0/MH3(31-33,4),45
          INITIAL      MH3(34-36,4),40/MH3(37,4),50/MH3(38,4),35
          INITIAL      MH3(39-41,4),40/MH3(42,4),50
          INITIAL      MH3(43,4),45/MH3(44,4),35
          INITIAL      MH3(45,4),30/MH3(46,4),35/MH3(47,4),45/MH3(48,4),40
          INITIAL      MH3(49,4),45/MH3(50,4),40/MH3(51,4),50/MH3(52,4),40
          INITIAL      MH3(53,4),45/MH3(54,4),40/MH3(55,4),50/MH3(56,4),50
          INITIAL      MH3(57,4),40/MH3(58,4),50/MH3(59,4),0/MH3(60,4),0
          INITIAL      MH3(61,4),20/MH3(62,4),22/MH3(63,4),20/MH3(64,4),0
          INITIAL      MH3(65-66,4),22/MH3(67,4),24
          INITIAL      MH3(68,4),10/MH3(69,4),24
          INITIAL      MH3(70,4),0/MH3(11,5),6/MH3(12,5),6/MH3(13,5),7
          INITIAL      MH3(14-15,5),5/MH3(16-17,5),0/MH3(18-19,5),6
          INITIAL      MH3(20,5),7/MH3(21-22,5),5/MH3(23-24,5),0
          INITIAL      MH3(25-26,5),6/MH3(27,5),7/MH3(28-29,5),5/MH3(30,5),0
          INITIAL      MH3(31-33,5),6/MH3(34,5),5/MH3(35-37,5),6
          INITIAL      MH3(38-39,5),5/MH3(40,5),0/MH3(41-43,5),6
          INITIAL      MH3(44-46,5),5/MH3(47-49,5),6/MH3(50,5),5
          INITIAL      MH3(51-53,5),6/MH3(54,5),5/MH3(55,5),6/MH3(56,5),7
          INITIAL      MH3(57,5),6/MH3(58,5),7/MH3(59-60,5),0/MH3(61,5),5
          INITIAL      MH3(62,5),6/MH3(63,5),5/MH3(64,5),0/MH3(65,5),6
          INITIAL      MH3(66,5),5/MH3(67,5),6/MH3(68,5),5/MH3(69,5),7
          INITIAL      MH3(70,5),0
          INITIAL      MH3(71,1),17/MH3(72,1),23/MH3(73,1),13/MH3(74,1),17
          INITIAL      MH3(75,1),13/MH3(76,1),9/MH3(77,1),9/MH3(78,1),7
          INITIAL      MH3(79,1),19/MH3(80,1),5/MH3(81,1),9/MH3(82,1),13
          INITIAL      MH3(83,1),5/MH3(84,1),2/MH3(85,1),3/MH3(86,1),4
          INITIAL      MH3(87,1),3
          INITIAL      MH3(88-90,1),4
          INITIAL      MH3(71,2),20/MH3(72,2),50/MH3(73-75,2),20
          INITIAL      MH3(76-78,2),10/MH3(79,2),30/MH3(80-81,2),10
          INITIAL      MH3(82,2),20/MH3(83,2),7/MH3(84-86,2),5/MH3(87,2),4
          INITIAL      MH3(88-89,2),5/MH3(90,2),7
          INITIAL      MH3(71,3),20/MH3(72,3),50/MH3(73-75,3),20
          INITIAL      MH3(76-78,3),10
          INITIAL      MH3(79,3),30/MH3(80-81,3),10/MH3(82,3),20/MH3(83,3),7
          INITIAL      MH3(84-86,3),5/MH3(87,3),4/MH3(88-89,3),5/MH3(90,3),7
          INITIAL      MH3(71,4),4/MH3(72,4),1/MH3(73,4),3/MH3(74,4),4
          INITIAL      MH3(75,4),3/MH3(76-77,4),8/MH3(78,4),7
          INITIAL      MH3(79,4),2/MH3(80,4),5/MH3(81,4),10/MH3(82,4),3
          INITIAL      MH3(83,4),10/MH3(84,4),11/MH3(85,4),14/MH3(86,4),19
          INITIAL      MH3(87,4),22/MH3(88,4),17/MH3(89,4),22/MH3(90,4),11
          INITIAL      MH3(71,5),6/MH3(72,5),4/MH3(73,5),5/MH3(74,5),6
          INITIAL      MH3(75,5),4/MH3(76-77,5),6/MH3(78,5),5/MH3(79-80,5),4
          INITIAL      MH3(81,5),7/MH3(82,5),4/MH3(83-85,5),5
```

```
          INITIAL     MH3(86-89,5),6/MH3(90,5),5
          INITIAL     MH3(91-100,1-3),0/MH3(91,4),48/MH3(92,4),42
          INITIAL     MH3(93,4),56/MH3(94,4),38/MH3(95,4),36/MH3(96,4),48
          INITIAL     MH3(97,4),42/MH3(98-99,4),46/MH3(100,4),40
          INITIAL     MH3(91,5),6/MH3(92,5),5/MH3(93,5),7/MH3(94-95,5),5
          INITIAL     MH3(96,5),6/MH3(97,5),5/MH3(98-99,5),6/MH3(100,5),5
          INITIAL     MH3(71,6),520/MH3(72,6),325/MH3(73,6),390
          INITIAL     MH3(74,6),520/MH3(75,6),390/MH3(76-77,6),520
          INITIAL     MH3(78,6),455/MH3(79,6),390/MH3(80,6),325
          INITIAL     MH3(81,6),525/MH3(82,6),390/MH3(83,6),455
          INITIAL     MH3(84,6),357/MH3(85,6),455/MH3(86,6),617
          INITIAL     MH3(87,6),572/MH3(88,6),552/MH3(89,6),535
          INITIAL     MH3(90,6),500
*
*
*
*
*
   5      MATRIX      H,70,80
*
*
*
*
*
   6      MATRIX      H,100,7
          INITIAL     MH6(11-12,1),14/MH6(13-15,1),12/MH6(16-17,1),0
          INITIAL     MH6(18-22,1),12/MH6(23-24,1),0/MH6(25-29,1),15
          INITIAL     MH6(30,1),0/MH6(31-32,1),13/MH6(33,1),12/MH6(34,1),13
          INITIAL     MH6(35-36,1),12/MH6(37,1),18/MH6(38-39,1),13
          INITIAL     MH6(40,1),0/MH6(41-42,1),11/MH6(43,1),15/MH6(44,1),16
          INITIAL     MH6(45-46,1),18/MH6(47,1),11/MH6(48-49,1),12
          INITIAL     MH6(50,1),13/MH6(51-53,1),12/MH6(54,1),11
          INITIAL     MH6(55,1),12/MH6(56,1),15/MH6(57,1),12/MH6(58,1),15
          INITIAL     MH6(59-60,1),0/MH6(61-62,1),12/MH6(63,1),11
          INITIAL     MH6(64,1),0/MH6(65,1),15/MH6(66,1),14/MH6(67,1),16
          INITIAL     MH6(68-69,1),15/MH6(70,1),0/MH6(71,1),12/MH6(72,1),16
          INITIAL     MH6(73,1),16/MH6(74-76,1),13/MH6(77-78,1),16
          INITIAL     MH6(79-81,1),15/MH6(82,1),13/MH6(83-85,1),12
          INITIAL     MH6(86-87,1),11/MH6(88-90,1),13/MH6(91,1),12
          INITIAL     MH6(92,1),14/MH6(93,1),13/MH6(94,1),11/MH6(95,1),14
          INITIAL     MH6(96,1),12/MH6(97,1),15/MH6(98,1),13/MH6(99,1),14
          INITIAL     MH6(100,1),18
          INITIAL     MH6(11-12,2),16/MH6(13-15,2),14/MH6(16-17,2),0
          INITIAL     MH6(18-22,2),15/MH6(23-24,2),0/MH6(25-26,2),11
          INITIAL     MH6(27,2),19/MH6(28-29,2),11/MH6(30,2),0
          INITIAL     MH6(31-32,2),15/MH6(33,2),11/MH6(34,2),15
          INITIAL     MH6(35-36,2),11/MH6(37,2),16/MH6(38-39,2),15
          INITIAL     MH6(40,2),0/MH6(41-42,2),13/MH6(43,2),19
          INITIAL     MH6(44,2),11/MH6(45-46,2),12/MH6(47-49,2),13
          INITIAL     MH6(50,2),15/MH6(51-53,2),13/MH6(54-55,2),16
          INITIAL     MH6(56,2),14/MH6(57,2),16/MH6(58,2),14/MH6(59-60,2),0
          INITIAL     MH6(61,2),14/MH6(62-63,2),15/MH6(64,2),0/MH6(65,2),14
          INITIAL     MH6(66,2),11/MH6(67,2),12/MH6(68-69,2),16/MH6(70,2),0
          INITIAL     MH6(71,2),16/MH6(72,2),17/MH6(73,2),18/MH6(74,2),12
          INITIAL     MH6(75,2),11/MH6(76-77,2),18/MH6(78,2),17
          INITIAL     MH6(79-80,2),14/MH6(81,2),17
          INITIAL     MH6(82,2),16/MH6(83,2),13
```

```
INITIAL    MH6(84,2),16/MH6(85,2),11/MH6(86,2),12/MH6(87,2),13
INITIAL    MH6(88,2),12/MH6(89,2),14/MH6(90,2),11/MH6(91,2),16
INITIAL    MH6(92,2),12/MH6(93,2),11/MH6(94,2),18/MH6(95,2),15
INITIAL    MH6(96-97,2),18/MH6(98-99,2),19/MH6(100,2),17
INITIAL    MH6(11-12,3),13/MH6(13,3),16/MH6(14-15,3),17
INITIAL    MH6(16-17,3),0/MH6(18-19,3),14/MH6(20,3),19
INITIAL    MH6(21-22,3),14/MH6(23-24,3),0/MH6(25-26,3),18
INITIAL    MH6(27,3),11/MH6(28-29,3),14/MH6(30,3),0
INITIAL    MH6(31-34,3),16/MH6(35-36,3),19/MH6(37,3),17
INITIAL    MH6(38-39,3),12/MH6(40,3),0/MH6(41-42,3),15
INITIAL    MH6(43,3),12/MH6(44,3),13/MH6(45,3),16/MH6(46,3),16
INITIAL    MH6(47-49,3),19/MH6(50-52,3),16/MH6(53,3),14
INITIAL    MH6(54,3),17/MH6(55,3),11/MH6(56,3),12/MH6(57,3),11
INITIAL    MH6(58,3),12/MH6(59-60,3),0/MH6(61,3),15
INITIAL    MH6(62,3),11/MH6(63,3),14/MH6(64,3),0/MH6(65,3),13
INITIAL    MH6(66,3),17/MH6(67,3),15/MH6(68,3),11/MH6(69,3),18
INITIAL    MH6(70,3),0/MH6(71,3),17/MH6(72,3),19/MH6(73-74,3),11
INITIAL    MH6(75-76,3),19/MH6(77,3),17/MH6(78,3),18
INITIAL    MH6(79,3),12
INITIAL    MH6(80,3),19/MH6(81,3),11
INITIAL    MH6(82,3),17/MH6(83-85,3),14
INITIAL    MH6(86,3),14/MH6(87-88,3),15/MH6(89-90,3),13
INITIAL    MH6(91,3),17/MH6(92,3),11/MH6(93,3),19/MH6(94,3),17
INITIAL    MH6(95-97,3),17/MH6(98,3),14/MH6(99,3),18
INITIAL    MH6(100,3),16
INITIAL    MH6(11-12,4),11/MH6(13,4),14/MH6(14-15,4),13
INITIAL    MH6(16-17,4),0/MH6(18-19,4),13/MH6(20,4),14
INITIAL    MH6(21-22,4),13/MH6(23-24,4),0/MH6(25-26,4),14
INITIAL    MH6(27,4),18/MH6(28-29,4),13/MH6(30,4),0
INITIAL    MH6(31-32,4),12/MH6(33,4),18/MH6(34,4),12
INITIAL    MH6(35-36,4),18/MH6(37,4),12/MH6(38-39,4),11
INITIAL    MH6(40,4),0/MH6(41-43,4),16/MH6(44,4),19
INITIAL    MH6(45-46,4),14/MH6(47-49,4),16/MH6(50,4),19
INITIAL    MH6(51-53,4),11/MH6(54,4),12
INITIAL    MH6(55,4),14/MH6(56,4),18
INITIAL    MH6(57,4),14/MH6(58,4),15/MH6(59-60,4),0/MH6(61,4),17
INITIAL    MH6(62,4),13/MH6(63,4),12/MH6(64,4),0/MH6(65,4),18
INITIAL    MH6(66,4),19/MH6(67,4),14/MH6(68,4),12/MH6(69,4),19
INITIAL    MH6(70,4),0/MH6(71-72,4),11/MH6(73-74,4),14
INITIAL    MH6(75,4),18/MH6(76,4),17/MH6(77,4),13/MH6(78,4),11
INITIAL    MH6(79-80,4),13/MH6(81,4),12
INITIAL    MH6(82,4),18/MH6(83,4),17
INITIAL    MH6(84,4),19/MH6(85,4),18/MH6(86-90,4),16
INITIAL    MH6(91,4),19/MH6(92,4),16/MH6(93,4),14/MH6(94,4),14
INITIAL    MH6(95-96,4),13
INITIAL    MH6(97,4),12/MH6(98-99,4),16/MH6(100,4),13
INITIAL    MH6(11-12,5),17/MH6(13,5),13/MH6(14-15,5),18
INITIAL    MH6(16-17,5),0/MH6(18-19,5),17/MH6(20,5),13
INITIAL    MH6(21-22,5),17/MH6(23-24,5),0/MH6(25-26,5),13
INITIAL    MH6(27,5),14/MH6(28-29,5),16/MH6(30,5),0
INITIAL    MH6(31-32,5),11/MH6(33,5),17/MH6(34,5),18
INITIAL    MH6(35-36,5),17/MH6(37,5),11/MH6(38-39,5),18
INITIAL    MH6(40,5),0/MH6(41-43,5),17/MH6(44,5),18
INITIAL    MH6(45-46,5),13/MH6(47,5),14/MH6(48-49,5),17
INITIAL    MH6(50-53,5),18/MH6(54,5),11
INITIAL    MH6(55,5),15/MH6(56,5),17
INITIAL    MH6(57,5),15/MH6(58,5),17/MH6(59-60,5),0/MH6(61,5),18
```

```
         INITIAL    MH6(62,5),19/MH6(63,5),17/MH6(64,5),0/MH6(65,5),19
         INITIAL    MH6(66,5),16/MH6(67,5),12/MH6(68,5),17/MH6(69,5),11
         INITIAL    MH6(70,5),0/MH6(71,5),18/MH6(72,5),0/MH6(73,5),13
         INITIAL    MH6(74,5),19/MH6(75,5),0/MH6(76-77,5),15/MH6(78,5),12
         INITIAL    MH6(79-80,5),0/MH6(81,5),19/MH6(82,5),0
         INITIAL    MH6(83-84,5),18/MH6(85,5),16
         INITIAL    MH6(86,5),18/MH6(87,5),17
         INITIAL    MH6(88,5),19/MH6(89,5),17/MH6(90,5),18/MH6(91,5),11
         INITIAL    MH6(92,5),17/MH6(93-94,5),12/MH6(95,5),18
         INITIAL    MH6(96-98,5),11/MH6(99,5),12/MH6(100,5),14
         INITIAL    MH6(11-12,6),18/MH6(13,6),11/MH6(14-17,6),0
         INITIAL    MH6(18-19,6),18/MH6(20,6),17/MH6(21-24,6),0
         INITIAL    MH6(25-26,6),16/MH6(27,6),13/MH6(28-30,6),0
         INITIAL    MH6(31-33,6),18/MH6(34,6),0/MH6(35-36,6),18
         INITIAL    MH6(37,6),14/MH6(38-40,6),0/MH6(41-42,6),18
         INITIAL    MH6(43,6),14/MH6(44-46,6),0/MH6(47-49,6),18
         INITIAL    MH6(50,6),0/MH6(51-53,6),17/MH6(54,6),0
         INITIAL    MH6(55,6),18/MH6(56,6),19/MH6(57,6),18/MH6(58,6),19
         INITIAL    MH6(59-61,6),0/MH6(62,6),18/MH6(63-64,6),0
         INITIAL    MH6(65,6),17/MH6(66,6),0/MH6(67,6),19/MH6(68,6),0
         INITIAL    MH6(69,6),12/MH6(70,6),0/MH6(71,6),19/MH6(72-73,6),0
         INITIAL    MH6(74,6),16/MH6(75,6),0/MH6(76-77,6),14
         INITIAL    MH6(78-80,6),0/MH6(81,6),18
         INITIAL    MH6(82,6),0/MH6(83-85,6),0
         INITIAL    MH6(86-87,6),19/MH6(88-89,6),18/MH6(90,6),0
         INITIAL    MH6(91,6),13/MH6(92,6),0/MH6(93,6),18/MH6(94-95,6),0
         INITIAL    MH6(96,6),15/MH6(97,6),0/MH6(98-99,6),15/MH6(100,6),0
         INITIAL    MH6(11-12,7),0/MH6(13,7),18/MH6(14-19,7),0
         INITIAL    MH6(20,7),18/MH6(21-26,7),0/MH6(27,7),16
         INITIAL    MH6(28-55,7),0/MH6(56,7),16/MH6(57,7),0/MH6(58,7),16
         INITIAL    MH6(59-68,7),0/MH6(69,7),13/MH6(70-80,7),0
         INITIAL    MH6(81,7),16/MH6(82-92,7),0/MH6(93,7),16
*
*
*
*
*
 7       MATRIX     H,100,7
         INITIAL    MH7(11,1),20/MH7(12,1),25/MH7(13-15,1),15
         INITIAL    MH7(16-17,1),0/MH7(18,1),15/MH7(19,1),20
         INITIAL    MH7(20-22,1),15/MH7(23-24,1),0/MH7(25-27,1),20
         INITIAL    MH7(28-29,1),15/MH7(30,1),0/MH7(31-32,1),10
         INITIAL    MH7(33,1),5/MH7(34,1),10/MH7(35-36,1),5
         INITIAL    MH7(37-39,1),10/MH7(40,1),0/MH7(41-43,1),10
         INITIAL    MH7(44-49,1),5/MH7(50-53,1),10/MH7(54,1),5
         INITIAL    MH7(55-58,1),10/MH7(59-60,1),0/MH7(61,1),4
         INITIAL    MH7(62-63,1),6/MH7(64,1),0/MH7(65,1),2/MH7(66,1),6
         INITIAL    MH7(67-68,1),4/MH7(69,1),2/MH7(70,1),0/MH7(71,1),1
         INITIAL    MH7(72-73,1),0/MH7(74-75,1),1/MH7(76-77,1),2
         INITIAL    MH7(78,1),1/MH7(79,1),0/MH7(80-81,1),1/MH7(82,1),0
         INITIAL    MH7(83,1),2/MH7(84-85,1),3/MH7(86-87,1),2
         INITIAL    MH7(88-89,1),3/MH7(90,1),2
         INITIAL    MH7(91,1),10/MH7(92-93,1),8/MH7(94,1),10
         INITIAL    MH7(95-96,1),6/MH7(97,1),10/MH7(98-99,1),6
         INITIAL    MH7(100,1),10
         INITIAL    MH7(11-14,2),20/MH7(15,2),15/MH7(16-17,2),0
         INITIAL    MH7(18,2),15/MH7(19-20,2),20/MH7(21-22,2),15
```

```
INITIAL     MH7(23-24,2),0/MH7(25-26,2),15/MH7(27,2),25
INITIAL     MH7(28,2),20/MH7(29,2),15/MH7(30,2),0/MH7(31-32,2),5
INITIAL     MH7(33,2),10/MH7(34,2),5/MH7(35-36,2),10
INITIAL     MH7(37-38,2),5/MH7(39,2),10/MH7(40,2),0
INITIAL     MH7(41-42,2),5/MH7(43-44,2),10/MH7(45,2),10
INITIAL     MH7(46,2),5/MH7(47,2),10/MH7(48,2),5/MH7(49,2),10
INITIAL     MH7(50-54,2),5/MH7(55,2),10/MH7(56-58,2),5
INITIAL     MH7(59-60,2),0/MH7(61,2),2/MH7(62-63,2),4/MH7(64,2),0
INITIAL     MH7(65-67,2),4/MH7(68-69,2),2/MH7(70,2),0
INITIAL     MH7(71-72,2),0/MH7(73-74,2),1/MH7(75,2),0
INITIAL     MH7(76-77,2),1/MH7(78,2),2/MH7(79-80,2),1
INITIAL     MH7(81,2),2/MH7(82,2),1/MH7(83,2),3/MH7(84,2),2
INITIAL     MH7(85,2),4/MH7(86,2),3/MH7(87,2),5/MH7(88,2),2
INITIAL     MH7(89,2),4/MH7(90,2),2/MH7(91,2),8/MH7(92,2),6
INITIAL     MH7(93,2),8/MH7(94-95,2),6/MH7(96,2),10
INITIAL     MH7(97-100,2),8
INITIAL     MH7(11,3),20/MH7(12,3),15
INITIAL     MH7(13,3),25/MH7(14-15,3),20
INITIAL     MH7(16-17,3),0/MH7(18,3),20/MH7(19,3),15/MH7(20,3),10
INITIAL     MH7(21,3),20/MH7(22,3),15/MH7(23-24,3),0
INITIAL     MH7(25-26,3),10/MH7(27-28,3),15/MH7(29,3),20
INITIAL     MH7(30,3),0/MH7(31-34,3),10/MH7(35-36,3),5
INITIAL     MH7(37,3),10/MH7(38,3),5/MH7(39,3),10/MH7(40,3),0
INITIAL     MH7(41,3),5/MH7(42,3),10/MH7(43-45,3),5
INITIAL     MH7(46-51,3),10/MH7(52-53,3),5/MH7(54-57,3),10
INITIAL     MH7(58,3),5/MH7(59-60,3),0/MH7(61,3),4/MH7(62-63,3),2
INITIAL     MH7(64,3),0/MH7(65-66,3),4/MH7(67-69,3),6/MH7(70,3),0
INITIAL     MH7(71,3),1/MH7(72,3),0/MH7(73,3),1/MH7(74,3),0
INITIAL     MH7(75,3),1/MH7(76-78,3),2/MH7(79,3),0/MH7(80,3),2
INITIAL     MH7(81-82,3),1/MH7(83-85,3),2/MH7(86,3),3
INITIAL     MH7(87,3),4/MH7(88,3),3/MH7(89,3),4/MH7(90,3),2
INITIAL     MH7(91-92,3),10/MH7(93,3),3
INITIAL     MH7(94-95,3),10/MH7(96-97,3),8/MH7(98-99,3),10
INITIAL     MH7(100,3),6
INITIAL     MH7(11-13,4),15/MH7(14,4),25/MH7(15,4),20
INITIAL     MH7(16-17,4),0/MH7(18,4),20/MH7(19,4),25
INITIAL     MH7(20-22,4),20/MH7(23-24,4),0/MH7(25,4),20
INITIAL     MH7(26,4),15/MH7(27,4),10/MH7(28,4),20/MH7(29,4),25
INITIAL     MH7(30,4),0/MH7(31,4),5/MH7(32,4),10/MH7(33,4),5
INITIAL     MH7(34,4),10/MH7(35,4),5/MH7(36,4),10/MH7(37-39,4),5
INITIAL     MH7(40,4),0/MH7(41-43,4),10/MH7(44-47,4),5
INITIAL     MH7(48-49,4),10/MH7(50,4),5/MH7(51-54,4),10
INITIAL     MH7(55-57,4),5/MH7(58,4),10/MH7(59-60,4),0
INITIAL     MH7(61,4),4/MH7(62,4),2/MH7(63,4),6/MH7(64,4),0
INITIAL     MH7(65,4),4/MH7(66-69,4),2/MH7(70-71,4),0
INITIAL     MH7(72,4),1/MH7(73,4),0/MH7(74-82,4),1/MH7(83,4),2
INITIAL     MH7(84,4),3/MH7(85,4),2/MH7(86-89,4),4/MH7(90,4),3
INITIAL     MH7(91,4),6/MH7(92,4),8/MH7(93,4),10/MH7(94,4),6
INITIAL     MH7(95,4),8/MH7(96,4),8/MH7(97-98,4),10/MH7(99,4),6
INITIAL     MH7(100,4),10
INITIAL     MH7(11,5),25/MH7(12,5),20/MH7(13,5),20/MH7(14,5),15
INITIAL     MH7(15,5),20/MH7(16-17,5),0/MH7(18-19,5),15
INITIAL     MH7(20,5),25/MH7(21,5),15/MH7(22,5),20/MH7(23-24,5),0
INITIAL     MH7(25-26,5),25/MH7(27-29,5),20/MH7(30,5),0
INITIAL     MH7(31-36,5),5/MH7(37-38,5),10/MH7(39,5),5
INITIAL     MH7(40,5),0/MH7(41-43,5),5/MH7(44,5),10/MH7(45,5),5
INITIAL     MH7(46-47,5),10/MH7(48-49,5),5/MH7(50,5),10
```

```
INITIAL    MH7(51-53,5),5/MH7(54-56,5),10/MH7(57,5),5
INITIAL    MH7(58,5),10/MH7(59-60,5),0/MH7(61-62,5),6
INITIAL    MH7(63,5),2/MH7(64,5),0/MH7(65,5),2/MH7(66-67,5),6
INITIAL    MH7(68-69,5),4/MH7(70,5),0/MH7(71,5),1/MH7(72,5),0
INITIAL    MH7(73,5),1/MH7(74-75,5),0/MH7(76-78,5),1
INITIAL    MH7(79,5),0/MH7(80,5),0/MH7(81,5),2/MH7(82,5),0
INITIAL    MH7(83,5),1/MH7(84,5),1/MH7(85,5),3/MH7(86,5),4
INITIAL    MH7(87,5),3/MH7(88,5),2/MH7(89,5),3/MH7(90,5),2
INITIAL    MH7(91,5),6
INITIAL    MH7(92,5),10/MH7(93-95,5),6
INITIAL    MH7(96,5),10/MH7(97-100,5),6
INITIAL    MH7(11,6),20/MH7(12,6),15/MH7(13,6),20/MH7(14-17,6),0
INITIAL    MH7(18,6),20/MH7(19,6),25/MH7(20,6),20/MH7(21-24,6),0
INITIAL    MH7(25-26,6),20/MH7(27,6),25/MH7(28-30,6),0
INITIAL    MH7(31,6),10/MH7(32,6),5/MH7(33,6),10/MH7(34,6),0
INITIAL    MH7(35,6),10/MH7(36,6),5/MH7(37,6),10/MH7(38-40,6),0
INITIAL    MH7(41,6),5/MH7(42,6),10/MH7(43,6),5/MH7(44-46,6),0
INITIAL    MH7(47-49,6),5/MH7(50,6),0/MH7(51,6),10/MH7(52,6),5
INITIAL    MH7(53,6),10/MH7(54,6),0
INITIAL    MH7(55-58,6),5/MH7(59-61,6),0
INITIAL    MH7(62,6),2/MH7(63-64,6),0/MH7(65,6),6/MH7(66,6),0
INITIAL    MH7(67,6),2/MH7(68,6),0/MH7(69,6),6/MH7(70,6),0
INITIAL    MH7(71,6),1/MH7(72-73,6),0/MH7(74,6),1/MH7(75,6),0
INITIAL    MH7(76-77,6),1/MH7(78-80,6),0/MH7(81,6),2
INITIAL    MH7(82-85,6),0/MH7(86,6),3/MH7(87,6),4/MH7(88,6),3
INITIAL    MH7(89,6),4/MH7(90,6),0
INITIAL    MH7(91,6),8/MH7(92,6),0/MH7(93,6),10/MH7(94-95,6),0
INITIAL    MH7(96,6),6/MH7(97,6),0/MH7(98,6),6/MH7(99,6),10
INITIAL    MH7(11-12,7),0/MH7(13,7),20/MH7(14-19,7),0
INITIAL    MH7(20,7),25/MH7(21-26,7),0/MH7(27,7),20
INITIAL    MH7(28-55,7),0/MH7(56,7),5/MH7(57,7),0/MH7(58,7),5
INITIAL    MH7(59,7),0/MH7(60-68,7),0/MH7(69,7),2/MH7(70-80,7),0
INITIAL    MH7(81,7),1/MH7(82-92,7),0/MH7(93,7),6
*
*
*
*
*
*
INITIAL    XH1,0
INITIAL    XH2,0
INITIAL    XH3,0
*
INITIAL    XH31,11
INITIAL    XH32,12
INITIAL    XH33,13
INITIAL    XH34,13
INITIAL    XH35,11
INITIAL    XH36,12
INITIAL    XH37,13
INITIAL    XH38,14
INITIAL    XH39,15
INITIAL    XH41,18
INITIAL    XH42,19
INITIAL    XH43,20
INITIAL    XH44,20
INITIAL    XH45,18
```

```
         INITIAL     XH46,19
         INITIAL     XH47,20
         INITIAL     XH48,21
         INITIAL     XH49,22
         INITIAL     XH50,21
         INITIAL     XH51,25
         INITIAL     XH52,26
         INITIAL     XH53,27
         INITIAL     XH54,27
         INITIAL     XH55,28
         INITIAL     XH56,28
         INITIAL     XH57,29
         INITIAL     XH58,29
*
         INITIAL     XH71,2
         INITIAL     XH72,2
         INITIAL     XH73,2
         INITIAL     XH74,2
         INITIAL     XH75,2
         INITIAL     XH76,3
         INITIAL     XH77,2
         INITIAL     XH78,3
         INITIAL     XH79,2
         INITIAL     XH81,2
         INITIAL     XH82,2
         INITIAL     XH83,2
         INITIAL     XH84,2
         INITIAL     XH85,2
         INITIAL     XH89,2
         INITIAL     XH92,2
         INITIAL     XH94,2
         INITIAL     XH95,3
         INITIAL     XH98,2
         INITIAL     XH99,2
*
*
         INITIAL     XH181,1
         INITIAL     XH182,1
         INITIAL     XH184,2
         INITIAL     XH186,1
         INITIAL     XH187,1
         INITIAL     XH188,2
         INITIAL     XH189,2
         INITIAL     XH191,2
         INITIAL     XH193,1
         INITIAL     XH194,1
         INITIAL     XH195,1
         INITIAL     XH196,1
         INITIAL     XH197,2
         INITIAL     XH198,1
         INITIAL     XH199,1
         INITIAL     XH131,2
         INITIAL     XH132,1
         INITIAL     XH134,2
         INITIAL     XH135,1
         INITIAL     XH138,2
         INITIAL     XH139,1
```

```
               INITIAL     XH142,2
               INITIAL     XH144,2
               INITIAL     XH151,1
               INITIAL     XH152,1
               INITIAL     XH153,1
               INITIAL     XH154,1
               INITIAL     XH155,1
               INITIAL     XH156,1
               INITIAL     XH158,1
               INITIAL     XH159,2
               INITIAL     XH160,1
               INITIAL     XH163,2
               INITIAL     XH164,1
               INITIAL     XH166,2
               INITIAL     XH167,1
               INITIAL     XH171,2
               INITIAL     XH173,2
               INITIAL     XH175,2
               INITIAL     XH176,1
               INITIAL     XH177,1
               INITIAL     XH178,2
               INITIAL     XH179,1
               INITIAL     XH180,2
               INITIAL     XH101,1
               INITIAL     XH111,1
               INITIAL     XH113,1
               INITIAL     XH116,2
               INITIAL     XH118,1
               INITIAL     XH119,1
               INITIAL     XH121,1
          *
          *
               RMULT       1
          *
          *
          *
          *   P R O Z E S S T E I L
          *
          *
1              GENERATE    15,FN3,90,,1,50,F
2              SAVEVALUE   3+,1,H
3              TEST E      XH3,1,KUAUF
4              ENTER       4,1480
5              TRANSFER    ,KUAUF
          *
          *
          *
6              GENERATE    150,30,,,1,50,F
7              ASSIGN      8,1
8              TRANSFER    ,ABFR
          *
9              GENERATE    450,90,,,1,50,F
10             ASSIGN      8,2
11             TRANSFER    ,ABFR
          *
12             GENERATE    225,45,,,1,50,F
13             ASSIGN      8,3
```

```
14                TRANSFER    ,ABFR
          *
15                GENERATE    180,36,,,1,50,F
16                ASSIGN      8,4
17                TRANSFER    ,ABFR
          *
18                GENERATE    300,60,,,1,50,F
19                ASSIGN      8,5
          *
20         ABFR   ASSIGN      1,FN12
21                TEST E      MH2(*8,4),0,NEE2
22         NEE1   MARK        16
23                MSAVEVALUE  2,*8,3,V15,H
24                ASSIGN      29,MH2(*8,3)
25                MSAVEVALUE  2,*8,4,3,H
          *
26                UNLINK      P8,WIM,3
27                TRANSFER    ,FORTW
          *
28         NEE2   TEST E      MH2(*8,5),0,NEE3
29                MARK        16
30                MSAVEVALUE  2,*8,6,V15,H
31                ASSIGN      29,MH2(*8,6)
32                MSAVEVALUE  2,*8,5,3,H
33                TRANSFER    ,FORTW
          *
34         NEE3   TEST E      MH2(*8,9),0,NEE4
35                MARK        16
36                MSAVEVALUE  2,*8,10,V15,H
37                ASSIGN      29,MH2(*8,10)
38                MSAVEVALUE  2,*8,9,3,H
39                TRANSFER    ,FORTW
          *
40         NEE4   LINK        V55,FIFO
          *
          *
          *
          *
41         FORTW  ASSIGN      30,V30
42                PRIORITY    0,BUFFER
43                PRIORITY    1
44                TRANSFER    ,VER1
          *
          *
          *
45         VEM    ASSIGN      49,XH2
46                TRANSFER    FN,4,46
          *
          *
          *
47         VER1   GATE LS     11,VER2
48                ASSIGN      49,11
49                TRANSFER    ,ABZ
50         VER2   GATE LS     12,VER3
51                ASSIGN      49,12
52                TRANSFER    ,ABZ
53         VER3   GATE LS     13,VER4
```

```
                ASSIGN      49,13
                TRANSFER    ,ABZ
        VER4    GATE LS     14,VER5
                ASSIGN      49,14
                TRANSFER    ,ABZ
        VER5    GATE LS     15,VER6
                ASSIGN      49,15
                TRANSFER    ,ABZ
        VER6    GATE LS     16,VER7
                ASSIGN      49,16
                TRANSFER    ,ABZ
        VER7    GATE LS     17,VER8
                ASSIGN      49,17
                TRANSFER    ,ABZ
        VER8    GATE LS     18,VER9
                ASSIGN      49,18
                TRANSFER    ,ABZ
        VER9    GATE LS     19,VER10
                ASSIGN      49,19
                TRANSFER    ,ABZ
        VER10   GATE LS     20,VER11
                ASSIGN      49,20
                TRANSFER    ,ABZ
        VER11   GATE LS     21,VER12
                ASSIGN      49,21
                TRANSFER    ,ABZ
        VER12   GATE LS     22,VER13
                ASSIGN      49,22
                TRANSFER    ,ABZ
        VER13   GATE LS     23,VER14
                ASSIGN      49,23
                TRANSFER    ,ABZ
        VER14   GATE LS     24,VER15
                ASSIGN      49,24
                TRANSFER    ,ABZ
        VER15   GATE LS     25,VER16
                ASSIGN      49,25
                TRANSFER    ,ABZ
        VER16   GATE LS     26,VER17
                ASSIGN      49,26
                TRANSFER    ,ABZ
        VER17   GATE LS     27,VER18
                ASSIGN      49,27
                TRANSFER    ,ABZ
        VER18   GATE LS     28,VER19
                ASSIGN      49,28
                TRANSFER    ,ABZ
        VER19   GATE LS     29,VER20
                ASSIGN      49,29
                TRANSFER    ,ABZ
        VER20   GATE LS     30,VER21
                ASSIGN      49,30
                TRANSFER    ,ABZ
        VER21   GATE LS     31,VER22
                ASSIGN      49,31
                TRANSFER    ,ABZ
        VER22   GATE LS     32,VER23
```

```
              ASSIGN      49,32
              TRANSFER    ,ABZ
      VER23   GATE LS     33,VER24
              ASSIGN      49,33
              TRANSFER    ,ABZ
      VER24   GATE LS     34,VER25
              ASSIGN      49,34
              TRANSFER    ,ABZ
      VER25   GATE LS     35,VER26
              ASSIGN      49,35
              TRANSFER    ,ABZ
      VER26   GATE LS     36,VER27
              ASSIGN      49,36
              TRANSFER    ,ABZ
      VER27   GATE LS     37,VER28
              ASSIGN      49,37
              TRANSFER    ,ABZ
      VER28   GATE LS     38,VER29
              ASSIGN      49,38
              TRANSFER    ,ABZ
      VER29   GATE LS     39,VER30
              ASSIGN      49,39
              TRANSFER    ,ABZ
      VER30   GATE LS     40,VER31
              ASSIGN      49,40
              TRANSFER    ,ABZ
      VER31   GATE LS     41,VER32
              ASSIGN      49,41
              TRANSFER    ,ABZ
      VER32   GATE LS     42,VER33
              ASSIGN      49,42
              TRANSFER    ,ABZ
      VER33   GATE LS     43,VER34
              ASSIGN      49,43
              TRANSFER    ,ABZ
      VER34   GATE LS     44,VER35
              ASSIGN      49,44
              TRANSFER    ,ABZ
      VER35   GATE LS     45,VER36
              ASSIGN      49,45
              TRANSFER    ,ABZ
      VER36   GATE LS     46,VER37
              ASSIGN      49,46
              TRANSFER    ,ABZ
      VER37   GATE LS     47,VER38
              ASSIGN      49,47
              TRANSFER    ,ABZ
      VER38   GATE LS     48,VER39
              ASSIGN      49,48
              TRANSFER    ,ABZ
      VER39   GATE LS     49,VER40
              ASSIGN      49,49
              TRANSFER    ,ABZ
      VER40   GATE LS     50,ANB
              ASSIGN      49,50
              TRANSFER    ,ABZ
  *
```

```
      *
167    ANB    LINK        31,FIFO
      *
168    ABZ    ASSIGN      48,V48
169           ASSIGN      47,V47
170           LOGIC R     P49
      *
      *
      *
171           SPLIT       1,BRIM
172           SPLIT       1,BROM
173           ASSIGN      10,MH1(*8,1)
174           TRANSFER    ,ABSP
175    BRIM   ASSIGN      10,MH1(*8,2)
176           TRANSFER    ,ABSP
177    BROM   ASSIGN      10,MH1(*8,3)
      *
      *  1. STUFF
      *
178    ABSP   ASSIGN      3,0
179           ASSIGN      31,V31
180           SPLIT       XH*10,STUF1,3
181    STUF1  ASSIGN      11,FN*10
182           ASSIGN      50,P11
183           TEST G      P50,100,DISP1
      *
      *  2. STUFE
      *
184           ASSIGN      4,0
185           ASSIGN      32,V32
186           SPLIT       XH*11,STUF2,4
187    STUF2  ASSIGN      12,FN*11
188           ASSIGN      50,P12
189           TEST G      P50,100,DISP2
      *
      *  3. STUFE
      *
190           ASSIGN      5,0
191           ASSIGN      33,V33
192           SPLIT       XH*12,STUF3,5
193    STUF3  ASSIGN      13,FN*12
194           ASSIGN      50,P13
      *
      *
      *
195    DISP3  ASSIGN      6,3
196           TRANSFER    ,DISPO
197    DISP2  ASSIGN      6,2
198           TRANSFER    ,DISPO
199    DISP1  ASSIGN      6,1
      *
      *
      *
200    DISPO  ASSIGN      35,FN9
201           ASSIGN      24,P50
202           TEST LE     P50,70,LHT2
203           TEST LE     P50,30,WAAF
```

```
*
*
*
             ASSIGN       2,1
             ASSIGN       38,V99
             TEST NE      FN*38,P50,PRF1
             ASSIGN       41,FN*38
             ASSIGN       2+,1
             TEST NE      FN*38,P50,PRF2
             ASSIGN       42,FN*38
             TRANSFER     ,WULF
  PRF1       ASSIGN       2+,1
             ASSIGN       41,FN*38
  PRF2       ASSIGN       2+,1
             ASSIGN       42,FN*38
             TRANSFER     ,WULF
*
  WAAF       TEST LE      P50,60,WWHAF
             ASSIGN       41,XH*24
             TRANSFER     ,WULF
*
  WWHAF      ASSIGN       38,FN*24
             ASSIGN       2,1
             ASSIGN       41,FN*38
             ASSIGN       2+,1
             ASSIGN       42,FN*38
             TEST G       XH*38,2,WULF
             ASSIGN       2+,1
             ASSIGN       43,FN*38
             TRANSFER     ,WULF
*
*
  LHT2       TEST L       MH3(*24,2),3,RUCK1
  WANN1      LOGIC R      *24
             GATE LS      *24
             TEST GE      MH3(*24,2),3,WANN1
  RUCK1      MSAVEVALUE   3-,*24,2,1,H
             TEST E       MH3(*24,1),MH3(*24,2),RUCK2
             SPLIT        1,ZUW
  RUCK2      MSAVEVALUE   3-,*24,2,1,H
             TEST E       MH3(*24,1),MH3(*24,2),RUCK3
             SPLIT        1,ZUW
  RUCK3      MSAVEVALUE   3-,*24,2,1,H
             TEST E       MH3(*24,1),MH3(*24,2),ASS
             SPLIT        1,ZUW
             TRANSFER     ,ASS
*
*
*
  WULF       MSAVEVALUE   5,*24,*48,P*35,H
             MSAVEVALUE   5,*24,*47,V26,H
*
  MASCH      ASSIGN       7,1
  BER1       ASSIGN       9,C1
             ASSIGN       46,MH6(P24,P7)
             QUEUE        P45
             PRIORITY     0,BUFFER
```

```
250            PRIORITY     1
251            GATE SF      P46,DLAUF
252      KETTE LINK         P46,P9
253      DLAUF ENTER        P46
254            TEST G       *24,70,WAFUE
255            TEST G       *24,90,LAAUF
      *
256            ASSIGN       27-,MH7(*24,*7)
257      BEARB DEPART       P46
258            ADVANCE      MH7(*24,*7)
259            ENTER        1,MH7(*24,*7)
260            TRANSFER     ,VERLA
      *
261      LAAUF DEPART       MH6(*24,*7)
262            ADVANCE      V28
263            ENTER        1,V28
264            TRANSFER     ,VERLA
      *
265      WAFUE MSAVEVALUE   5-,*24,*47,V27,H
266            DEPART       MH6(*24,*7)
267            ADVANCE      V27
268            ENTER        1,V27
      *
269      VERLA LEAVE        P46
270            UNLINK       P46,BER2,ALL
271            PRIORITY     0,BUFFER
272            PRIORITY     1
273            UNLINK       P46,DLAUF,1
274            ASSIGN       7+,1
275            TEST G       *7,MH3(*24,5),BER1
276            TEST G       *24,90,DIV1
277            LEAVE        1,MH3(*24,4)
278            ENTER        4,MH3(*24,4)
279            TRANSFER     ,PRF7
280      DIV1  TEST G       *24,70,DIV2
281            LEAVE        1,V78
282            ENTER        4,V78
283            TRANSFER     ,PRF7
284      DIV2  LEAVE        1,V26
285            ENTER        4,V26
286            TRANSFER     ,PRF7
      *
      *
      *
287      BER2  MARK         17
288            TEST LE      *24,70,LHTPR
289            TEST G       V34,0,WAT1
      *
290            TEST G       MH5(*41,*47),0,ABGEA
291            TEST LE      V34,V37,SYN1
292            TEST LE      *24,60,SYN4
293            TEST G       *24,30,SYN4
294            ASSIGN       45,V37
295            TRANSFER     ,SYN2
296      SYN4  TEST G       MH5(*42,*47),0,ABGEA
297            TEST LE      V34,V40,KLEIN
298            TEST GE      V40,V37,KLEIN
```

```
299        SYNCH ASSIGN     45,V40
300              TRANSFER   ,VGL
301        KLEIN ASSIGN     45,V37
302        VGL   TEST G     *24,60,SYN2
303              TEST G     XH*38,2,SYN2
304              TEST G     MH5(*43,*47),0,ABGEA
305              TEST LE    V34,V54,SYN2
306              TEST GE    V54,P45,SYN2
307              ASSIGN     45,V54
308              TRANSFER   ,SYN2
309        SYN1  TEST LE    *24,60,SYN5
310              TEST G     *24,30,SYN5
311              TRANSFER   ,SONS3
312        SYN5  TEST G     MH5(*42,*47),0,ABGEA
313              TEST LE    V34,V40,SYN3
314              TRANSFER   ,SYNCH
315        SYN3  TEST G     *24,60,SONS3
316              TEST G     XH*38,2,SONS3
317              TEST G     MH5(*43,*47),0,ABGEA
318              TEST LE    V34,V54,SONS3
319              ASSIGN     45,V54
320        SYN2  ASSIGN     9,V43
321              TRANSFER   ,KETTE
          *
322        ABGEA ASSIGN     9,V59
323              TRANSFER   ,KETTE
          *
324        SONS3 ASSIGN     9,V36
325              TRANSFER   ,KETTE
          *
326        WAT1  TEST E     V34,0,WAT2
327              ASSIGN     9,V58
328              TRANSFER   ,KETTE
          *
329        WAT2  ASSIGN     9,V49
330              TRANSFER   ,KETTE
          *
          *
          *
331        LHTPR TEST LE    *24,90,SLAC1
332              MARK       25
333              TEST GE    P25,V18,LHTP2
334              ASSIGN     9,V12
335              TRANSFER   ,KETTE
          *
336        LHTP2 ASSIGN     9,33
337              TRANSFER   ,KETTE
          *
          *
          *
338        SLAC1 TEST G     V44,0,SLAC2
339              ASSIGN     9,V46
340              TRANSFER   ,KETTE
341        SLAC2 TEST E     V44,0,SLAC3
342              ASSIGN     9,V98
343              TRANSFER   ,KETTE
344        SLAC3 ASSIGN     9,V97
```

```
345              TRANSFER   ,KETTE
          *
          *
          *
          *
          *
          *
346        PRF7  TEST E     *50,0,NEMO
347              TEST G     *24,90,LAH
348              TRANSFER   ,ASS1
          *
349        NEMO  TEST LE    *24,70,LAH
350              MARK       20
351              TRANSFER   ,ASS
          *
          *
          *
352        ASS   TRANSFER   FN,5,352
          *
          *
          *
353              TRANSFER   FN,6,353
          *
          *
          *
354              ASSEMBLE   V3
355              TRANSFER   ,WEIT2
356              ASSEMBLE   V3
357              TRANSFER   ,WEIT2
358              ASSEMBLE   V3
359              TRANSFER   ,WEIT2
360              ASSEMBLE   V3
361              TRANSFER   ,WEIT2
362              ASSEMBLE   V3
363              TRANSFER   ,WEIT2
364              ASSEMBLE   V3
365              TRANSFER   ,WEIT2
366              ASSEMBLE   V3
          *
367        WEIT2 ADVANCE    V72,9
368              ENTER      4,V72
          *
          *
          *
369              TRANSFER   FN,7,369
          *
          *
          *
370              ASSEMBLE   V2
371              TRANSFER   ,WEIT1
372              ASSEMBLE   V2
373              TRANSFER   ,WEIT1
374              ASSEMBLE   V2
375              TRANSFER   ,WEIT1
376              ASSEMBLE   V2
377              TRANSFER   ,WEIT1
378              ASSEMBLE   V2
```

```
379            TRANSFER    ,WEIT1
380            ASSEMBLE    V2
381            TRANSFER    ,WEIT1
382            ASSEMBLE    V2
383            TRANSFER    ,WEIT1
384            ASSEMBLE    V2
385            TRANSFER    ,WEIT1
386            ASSEMBLE    V2
387            TRANSFER    ,WEIT1
388            ASSEMBLE    V2
389            TRANSFER    ,WEIT1
390            ASSEMBLE    V2
391            TRANSFER    ,WEIT1
392            ASSEMBLE    V2
393            TRANSFER    ,WEIT1
394            ASSEMBLE    V2
395            TRANSFER    ,WEIT1
396            ASSEMBLE    V2
397            TRANSFER    ,WEIT1
398            ASSEMBLE    V2
399            TRANSFER    ,WEIT1
400            ASSEMBLE    V2
401            TRANSFER    ,WEIT1
402            ASSEMBLE    V2
403            TRANSFER    ,WEIT1
404            ASSEMBLE    V2
405            TRANSFER    ,WEIT1
406            ASSEMBLE    V2
407            TRANSFER    ,WEIT1
408            ASSEMBLE    V2
409            TRANSFER    ,WEIT1
410            ASSEMBLE    V2
411            TRANSFER    ,WEIT1
412            ASSEMBLE    V2
413            TRANSFER    ,WEIT1
414            ASSEMBLE    V2
415            TRANSFER    ,WEIT1
416            ASSEMBLE    V2
417            TRANSFER    ,WEIT1
418            ASSEMBLE    V2
419            TRANSFER    ,WEIT1
420            ASSEMBLE    V2
421            TRANSFER    ,WEIT1
422            ASSEMBLE    V2
423            TRANSFER    ,WEIT1
424            ASSEMBLE    V2
425            TRANSFER    ,WEIT1
426            ASSEMBLE    V2
         *
427      WEIT1 ADVANCE     V71,15
428            ENTER       4,V71
         *
         *
         *
429            TRANSFER    FN,8,429
         *
         *
```

```
          *
430               ASSEMBLE   V1
431               TRANSFER   ,GRUMO
432               ASSEMBLE   V1
433               TRANSFER   ,GRUMO
434               ASSEMBLE   V1
435               TRANSFER   ,GRUMO
436               ASSEMBLE   V1
437               TRANSFER   ,GRUMO
438               ASSEMBLE   V1
439               TRANSFER   ,GRUMO
440               ASSEMBLE   V1
441               TRANSFER   ,GRUMO
442               ASSEMBLE   V1
443               TRANSFER   ,GRUMO
444               ASSEMBLE   V1
445               TRANSFER   ,GRUMO
446               ASSEMBLE   V1
447               TRANSFER   ,GRUMO
448               ASSEMBLE   V1
449               TRANSFER   ,GRUMO
450               ASSEMBLE   V1
451               TRANSFER   ,GRUMO
452               ASSEMBLE   V1
453               TRANSFER   ,GRUMO
454               ASSEMBLE   V1
455               TRANSFER   ,GRUMO
456               ASSEMBLE   V1
457               TRANSFER   ,GRUMO
458               ASSEMBLE   V1
          *
459         GRUMO ADVANCE    V70,24
460               ENTER      4,V70
          *
          *
          *
461               ASSEMBLE   5
          *
462               ADVANCE    V75,30
463               ENTER      4,V75
          *
          *
          *
464               LOGIC S    *49
465               MSAVEVALUE 2+,*8,8,3,H
466               UNLINK     V10,NOL,3
467               SAVEVALUE  2,P49,H
468               UNLINK     31,VEM,1
469               TERMINATE
          *
          *
          *
          *
          *
470         KUAUF ASSIGN     8,FN1
471               TABULATE   1
472               ASSIGN     1,FN12
```

```
          *
473                PRIORITY    0,BUFFER
474                PRIORITY    1
475                TEST E      MH2(*8,4),0,WIM
476                TEST E      MH2(*8,5),0,WEM1
477                TEST E      MH2(*8,9),0,WEM2
478                LINK        P8,FIFO
          *
479        WIM     MSAVEVALUE  2-,*8,4,1,H
          *
480                TEST E      MH2(*8,4),0,WIMO
481                TEST E      MH2(*8,5),0,WEMO1
482                TEST E      MH2(*8,9),0,WEMO2
483                TRANSFER    ,WIMO
          *
484        WEMO1   MSAVEVALUE  2,*8,4,MH2(*8,5),H
485                MSAVEVALUE  2,*8,5,0,H
486                MSAVEVALUE  2,*8,3,MH2(*8,6),H
487                UNLINK      V55,NEE2,1
488                TRANSFER    ,WIMO
          *
489        WEMO2   MSAVEVALUE  2,*8,4,MH2(*8,9),H
490                MSAVEVALUE  2,*8,9,0,H
491                MSAVEVALUE  2,*8,3,MH2(*8,10),H
          *
492        WIMO    MARK        18
493                TEST GE     MH2(*8,3),V16,NON
494                ASSIGN      29,MH2(*8,3)
495                TRANSFER    ,WUM
496        NON     ASSIGN      29,V16
497                TRANSFER    ,WUM
          *
          *
          *
498        WEM1    MSAVEVALUE  2,*8,4,MH2(*8,5),H
499                MSAVEVALUE  2,*8,5,0,H
500                MSAVEVALUE  2,*8,3,MH2(*8,6),H
501                TRANSFER    ,WIM
          *
502        WEM2    MSAVEVALUE  2,*8,4,MH2(*8,9),H
503                MSAVEVALUE  2,*8,9,0,H
504                MSAVEVALUE  2,*8,3,MH2(*8,10),H
505                TRANSFER    ,WIM
          *
          *
506        WUM     ASSIGN      14,FN2
507                ASSIGN      15,V17
508                ASSIGN      50,0
509                TEST LE     P14,2,EMO3
510                TEST E      P14,1,EMO2
          *
511        EMO1    ASSIGN      21,FN91
512                ASSIGN      22,0
513                ASSIGN      23,0
514                SPLIT       1,AFEMO
515                TRANSFER    ,ASS1
          *
```

```
516   EMO2  ASSIGN      21,FN91
517         ASSIGN      22,FN*15
518         ASSIGN      23,0
519         SPLIT       1,AFEMO
520         SPLIT       1,LHEMO
521         TRANSFER    ,ASS1
      *
522   EMO3  ASSIGN      21,FN91
523         ASSIGN      22,FN*15
524         ASSIGN      23,0
525         SPLIT       1,AFEMO
526         SPLIT       1,LHEMO
527         TRANSFER    .5,,WALD2
528         ASSIGN      23,FN91
529         SPLIT       1,AFEMO
530         TRANSFER    ,ASS1
531   WALD2 ASSIGN      23,FN*15
532         SPLIT       1,LHEMO
533         TRANSFER    ,ASS1
      *
      *
      *
534   AFEMO TEST G      P23,0,ZAM1
535         ASSIGN      24,P23
536         TRANSFER    ,AFT
537   ZAM1  ASSIGN      24,P21
538   AFT   ASSIGN      28,P29
539         ASSIGN      27,MH3(*24,4)
540         TRANSFER    ,MASCH
      *
541   LHEMO TEST G      P23,0,ZAM2
542         ASSIGN      24,P23
543         TRANSFER    ,LHT1
544   ZAM2  ASSIGN      24,P22
      *
545   LHT1  TEST E      MH3(*24,2),0,RUCK
546   WANN  LOGIC R     P24
547         GATE LS     P24
548         TEST G      MH3(*24,2),0,WANN
549   RUCK  MSAVEVALUE  3-,*24,2,1,H
550         TEST E      MH3(*24,1),MH3(*24,2),ASS1
551         SPLIT       1,ZUW
552         TRANSFER    ,ASS1
      *
553   ZUW   ASSIGN      27,V29
554         MARK        26
555         TRANSFER    ,MASCH
      *
      *
      *
556   LAH   MSAVEVALUE  3+,*24,2,MH3(*24,3),H
557         LOGIC S     P24
558         TERMINATE
      *
      *
      *
      *
```

```
559     ASS1   ASSEMBLE    V20
560            PRIORITY    0,BUFFER
561            PRIORITY    1
562            TEST E      MH2(*8,8),0,NOL
563            LINK        V10,FIFO
564     NOL    MSAVEVALUE  2-,*8,8,1,H
       *
565            SAVEVALUE   1,0,H
566            SAVEVALUE   1+,MH3(*21,4),H
567            TEST G      P22,0,EMOZ
568            SAVEVALUE   1+,MH3(*22,4),H
569            TEST G      P23,0,EMOZ
570            TEST GE     P23,91,EMOLH
571            SAVEVALUE   1+,MH3(*23,4),H
572            TRANSFER    ,EMOZ
573     EMOLH  SAVEVALUE   1+,MH3(*23,4),H
574     EMOZ   LEAVE       4,V50
       *
       *
       *
       *
       *
575            TABULATE    6
576            TABULATE    4
577            TABULATE    5
       *
578            MARK        19
579            TEST G      P19,P29,LATE
580            TABULATE    2
581     LATE   TABULATE    3
       *
       *
582            TERMINATE   1
       *
               START       100
               RESET
               START       100,,50
               END
```

STORAGE	CAPACITY	AVERAGE CONTENTS	AVERAGE UTILIZATION	ENTRIES	AVERAGE TIME/TRAN	CURRENT CONTENTS	MAXIMUM CONTENTS
1	2000000	4922.046	.002	79306	95.640	6050	7525
4	2000000	21906.218	.010	114922	293.742	22221	28091
11	7	5.232	.747	394	20.464	7	7
12	6	5.546	.924	419	20.398	6	6
13	9	7.250	.805	416	26.858	4	9
14	7	5.818	.831	360	24.905	5	7
15	6	4.788	.798	366	20.161	6	6
16	8	5.471	.683	362	23.290	8	8
17	6	5.001	.833	348	22.149	5	6
18	8	6.714	.839	501	20.652	8	8
19	3	2.440	.813	248	15.165	3	3

Tab. A-5: Relevante Originalergebnisse von Lauf (1)

TABLE 3

ENTRIES IN TABLE	MEAN ARGUMENT	STANDARD DEVIATION	SUM OF ARGUMENTS	
100	-1074.219	201.437	-107422.000	NON-WEIGHTED

UPPER LIMIT	OBSERVED FREQUENCY	PER CENT OF TOTAL	CUMULATIVE PERCENTAGE	CUMULATIVE REMAINDER	MULTIPLE OF MEAN	DEVIATION FROM MEAN
-1000	55	54.99	54.9	45.0	.930	.368
-985	2	1.99	56.9	43.0	.916	.442
-970	5	4.99	61.9	38.0	.902	.517
-955	0	.00	61.9	38.0	.889	.591
-940	5	4.99	66.9	33.0	.875	.666
-925	0	.00	66.9	33.0	.861	.740
-910	10	9.99	76.9	23.0	.847	.815
-895	4	3.99	80.9	19.0	.833	.889
-880	9	8.99	89.9	10.0	.819	.964
-865	0	.00	89.9	10.0	.805	1.038
-850	2	1.99	91.9	8.0	.791	1.113
-835	0	.00	91.9	8.0	.777	1.187
-820	2	1.99	93.9	6.0	.763	1.262
-805	3	2.99	96.9	3.0	.749	1.336
-790	0	.00	96.9	3.0	.735	1.410
-775	0	.00	96.9	3.0	.721	1.485
-760	0	.00	96.9	3.0	.707	1.559
-745	0	.00	96.9	3.0	.693	1.634
-730	0	.00	96.9	3.0	.679	1.708
-715	1	.99	97.9	2.0	.665	1.783
-700	1	.99	98.9	1.0	.651	1.857
-685	0	.00	98.9	1.0	.637	1.932
-670	0	.00	98.9	1.0	.623	2.006
-655	0	.00	98.9	1.0	.609	2.081
-640	0	.00	98.9	1.0	.595	2.155
-625	0	.00	98.9	1.0	.581	2.230
-610	1	.99	100.0	.0	.567	2.304

REMAINING FREQUENCIES ARE ALL ZERO

Zielgrößen / Simulationsläufe	mittlerer Zwischenlagerbestand in der Fertigung ($\overline{LB_F}$)	in der Montage ($\overline{LB_M}$)	insgesamt ($\overline{LB}$)	mittlere Kapazitätsauslastung ($\overline{C}$)	mittlere Termineinhaltung ($\overline{L}$)
(1) S/RFZ	4.922	21.906	26.828	80,4 %	-1.074
(2) S/RFZ + Syn*100%	4.988	21.741	26.729	80,6 %	-1.069
(3) S/RFZ + Syn*10%	4.607	21.287	25.894	77,8 %	-1.108
(4) S/RFZ*$\frac{SPT}{10}$	4.568	22.156	26.724	79,1 %	-1.042
(5) S/RFZ*$\frac{SPT}{10}$ + Syn*100%	4.589	21.702	26.291	78,3 %	-1.061
(6) S/RFZ*$\frac{SPT}{10}$ + Syn*10%	5.075	22.106	27.181	82,5 %	-1.068
(7) S/RFZ*$\frac{SPT}{10}$ + Syn*30%	4.707	21.429	26.136	80,1 %	-1.061
(8) S/RFZ+$\frac{SPT}{5}$	4.510	21.788	26.298	77,7 %	-1.049
(9) S/RFZ+$\frac{SPT}{5}$ + Syn*50%	4.732	21.528	26.260	80,1 %	-1.071
(10) S/RFZ+$\frac{SPT}{5}$ + Syn*10%	4.783	21.635	26.418	80,4 %	-1.100
(11) S/RFZ + Syn*5%	4.605	21.858	26.463	79,7 %	-1.076
(12) S/RFZ + Syn*15%	4.564	21 315	25.879	77,0 %	-1.072
(13) S/RFZ + Syn*8%	4.424	23.642	28.066	74,9 %	-1.095
(14) S/RFZ + Syn*12%	4.697	22.127	26.824	79,2 %	-1.089

Tab. A-6: Zusammenfassende Übersicht der Ergebnisse der Simulation

Stichwortverzeichnis

Betriebswirtschaftlich-technologische Beiträge zur Theorie und Praxis des Industriebetriebes	**Herausgeber: Prof. Dr.-Ing. Dr. rer. pol. Theodor Ellinger Universität zu Köln**

Band 3

Prof. Dr. Dr. Theodor Ellinger, Dr. Horst Wildemann

Praktische Fälle zur Produktionssteuerung

In 23 Beiträgen werden die Aktivitäten zur Einführung und zum Betrieb von Produktionsplanungs- und Produktionssteuerungssystemen in den verschiedensten Branchen an praktischen Fallbeispielen aufgezeigt. Durch die Analyse der sachlichen, organisatorischen, personellen und finanziellen Voraussetzungen sowie der Maßnahmen zur Weiterentwicklung realisierter Systeme laßt sich ein aussagefähiges Bild über die Gestaltungsmöglichkeiten der Systeme gewinnen. Die Sichtbarmachung gleichgelagerter Elemente der Produktionsplanung und Produktionssteuerung in den verschiedenen Branchen und deren Einordnung in ein Funktionsgruppenmodell erlaubt die Ausschöpfung weitergehender Rationalisierungsreserven.

Im Wechsel von theoretischer Durchdringung und praktischer Anschauung werden Richtlinien für ein zukunftsorientierte Gestaltung des Produktionsplanungs- und Produktionssteuerungsbereiches aufgezeigt und der Unternehmung Empfehlungen zur Sicherung der Wettbewerbsfähigkeit durch eine flexible, kostengünstige und termingerechte Anpassung der Produktion gegeben.

Aus dem Inhalt: Grundlinien einer überbranchlichen Analyse von Produktionsplanungs- und Produktionssteuerungssystemen – Die kooperative Einführung von Produktionsplanungs- und Produktionssteuerungssystemen bei 12 Unternehmen der Eisen-, Blech- und Metallverarbeitenden Industrie (6 Beiträge) – Betrieb und Anpassung von Produktionsplanungs- und Produktionssteuerungssystemen: Manuelle und mechanisierte Systeme (3 Beiträge); MDT-gestützte Systeme (2 Beiträge); Großrechner-gestützte Systeme (9 Beiträge) – Gruppenwirtschaftliche Aktivierung von Rationalisierungsreserven – Stand und Tendenzen der Weiterentwicklung von EDV-gestützten Produktionsplanungs- und Produktionssteuerungssystemen.

Betriebswirtschaftlich-technologische Beiträge zur Theorie und Praxis des Industriebetriebes

Herausgeber: Prof. Dr.-Ing. Dr. rer. pol. Theodor Ellinger
Universität zu Köln

Band 5

Dr. Horst Wildemann

Investitionsentscheidungsprozeß für numerisch gesteuerte Fertigungssysteme (NC-Maschinen)

Aufgabe betrieblicher Investitionsentscheidungsprozesse ist die Ermittlung von geeigneten Handlungsalternativen zur Erreichung spezifischer Unternehmensziele. Die Ermittlung und Auswahl geeigneter Handlungsalternativen ergibt sich aus umfangreichen Informationsverarbeitungsprozessen, deren Phasen für den Unternehmensgegenstand numerisch-gesteuerter Fertigungssysteme in diesem Buch einer umfassenden Einzeluntersuchung unterzogen werden.

Der wirtschaftliche Erfolg des Einsatzes von NC-Maschinen, bei Berücksichtigung aller fertigungswirtschaftlichen Zusammenhänge, läßt sich nur durch die globale Einbeziehung aller Auswirkungen des Investitionsvorhabens auf die Gesamtproduktion quantifizieren. Die entscheidenden Determinanten einer umfassenden Wirtschaftlichkeitsanalyse sind: die Fertigungsaufgaben, die Ausgestaltung der technischen und organisatorischen Subsysteme der Arbeitsvorbereitung und Konstruktion, die Fertigungsstruktur und das spezifische Einsatzverhältnis der Produktionsfaktoren.

Zur systematischen Erfassung und theoretischen Durchdringung aller wesentlichen Datenfelder wurde vorgeschlagen, die technologische Eignung mit den Merkmalen Zweckeignung, Einsetzbarkeit und Kompatibilität, die soziale Eignung und die ökonomische Eignung festzustellen. Die Berücksichtigung der Eignungskomponenten erfordert eine detailliertere und umfassendere Untersuchung der Kosten- und Leistungsbeziehungen, als die Annahme von Zahlungsströmen bei den bisher zur Anwendung empfohlenen Investitionsmodellen. Für die endgültige Auswahl der Alternativen wurden Modelle der Investitionstheorie, der linearen Programmierung und der Nutzwertanalysen, insbesondere der Cost-Effectiveness-Analyse, herangezogen.

Aus dem Inhalt: Entscheidungsfeld numerisch gesteuerter Fertigungssysteme – Das Investitions-Entscheidungssystem – Die informationsverarbeitenden Kernphasen der Investitionsentscheidung für NC-Maschinen – Zusammenfassung und Ergebnis.

Dr. Th. Gabler-Verlag, Postfach 15 46, 6200 Wiesbaden

Betriebswirtschaftlich-technologische Beiträge zur Theorie und Praxis des Industriebetriebes

Herausgeber: Prof. Dr.-Ing. Dr. rer. pol. Theodor Ellinger
Universität zu Köln

Aufgabe der Schriftenreihe:

Durch Arbeiten, die sowohl die betriebswirtschaftliche wie auch die technologische Betrachtungsweise berücksichtigen, soll dem realen Geschehen des Industriebetriebes in besonderer Weise Rechnung getragen werden.

In Theorie und Praxis wird in zunehmendem Maße erkannt, daß durch **gleichzeitige Berücksichtigung betriebswirtschaftlicher und technologischer Aspekte** wesentliche Rationalisierungseffekte erzielt werden. Bei einer entscheidungsorientierten Behandlung von Problemen des Industriebetriebes sind die modernen Methoden der Unternehmensplanung heranzuziehen. Deshalb werden in der vorliegenden Reihe auch Arbeiten aus dem Bereich von Operations Research vertreten sein, in denen oft in besonderer Weise betriebswirtschaftliche und technologische Aspekte einander durchdringen.

Bei der Analyse der Produktionsfaktoren wird die Behandlung von Fragen der Humanisierung aus betriebswirtschaftlich-technologischer Sicht zu fundierten Aussagen führen können, deren Bedeutung nicht von der jeweils gegebenen wirtschaftlichen oder politischen Situation abhängt.

Titel der Schriftenreihe:

Band 1: Prof. Dr. Dr. Theodor Ellinger:
Produktinformation und Produktplanung

Band 2: Prof. Dr. Dr. Theodor Ellinger, Dr. Horst Wildemann:
Planung und Steuerung der Produktion aus betriebswirtschaftlich-technologischer Sicht

Band 3: Prof. Dr. Dr. Theodor Ellinger, Dr. Horst Wildemann:
Praktische Fälle zur Produktionssteuerung

Band 4: Dr. Reinhard Haupt:
Reihenfolgeplanung im Sondermaschinenbau

Band 5: Dr. Horst Wildemann:
Investitionsentscheidungsprozeß für numerisch gesteuerte Fertigungssysteme (NC-Maschinen)

Dr. Th. Gabler-Verlag, Postfach 15 46, 6200 Wiesbaden